JN015769

はじめに（保護者の方へ）

　この本は，小学6年生の算数を勉強しながら，プログラミン〔　　　　　　　　　　　〕の問題集です。

　小学校ではこれから，算数や理科などの既存の教科それぞれに，プログラミングという新しい学びが取り入れられていきます。この目的として，教科をより深く理解することや，思考力を育てることなどがいわれています。

　この本を通じて，算数の知識を深めると同時に，情報や手順を正しく読み解く力（＝読む力）や手順を論理立てて考える力（＝思考力）をのばしてほしいと思います。

この本の特長と使い方

● 算数の理解を深めながら，プログラミング的思考を学べる問題集です。

● 別冊解答には，問題の答えだけでなく，問題の解説や解くためのポイントも載せています。

単元の学習ページです。
計算から文章題まで，単元の内容をしっかり学習しましょう。

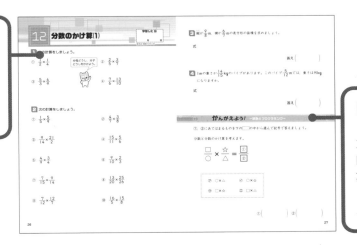

かんがえよう! は，ここまでで学習してきたことを活かして解く問題です。
算数の問題を解きながら，プログラミング的思考にふれます。

プログラミングの考え方を学ぶ
算数の知識を使いながら，プログラミング的思考を学ぶページです。

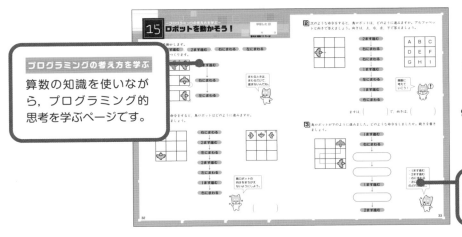

チャ太郎のヒントも参考にしましょう。

もくじ

1	分数と整数のかけ算	4
2	分数と整数のわり算	6
3	対称な図形(1)	8
4	対称な図形(2)	10
5	対称な図形(3)	12
6	プログラミングの考え方を学ぶ 旗はどこに動く？	14
7	円の面積(1)	16
8	円の面積(2)	18
9	文字と式(1)	20
10	文字と式(2)	22
11	プログラミングの考え方を学ぶ どんな計算になるかな？	24
12	分数のかけ算(1)	26
13	分数のかけ算(2)	28
14	分数のかけ算(3)	30
15	プログラミングの考え方を学ぶ ロボットを動かそう！	32
16	分数のわり算(1)	34
17	分数のわり算(2)	36
18	分数のわり算(3)	38
19	プログラミングの考え方を 学ぶ 二進法を考えよう！	40
20	比と比の値(1)	42

21	□	比と比の値(2)	44
22	□	拡大図・縮図(1)	46
23	□	拡大図・縮図(2)	48
24	プログラミングの考え方を学ぶ	形を分けよう！	50
25	□	角柱と円柱の体積(1)	52
26	□	角柱と円柱の体積(2)	54
27	□	比例と反比例(1)	56
28	□	比例と反比例(2)	58
29	プログラミングの考え方を学ぶ	小数をつくろう！	60
30	□	並べ方と組み合わせ方(1)	62
31	□	並べ方と組み合わせ方(2)	64
32	□	資料の調べ方(1)	66
33	□	資料の調べ方(2)	68
34	プログラミングの考え方を学ぶ	コインを動かそう！	70

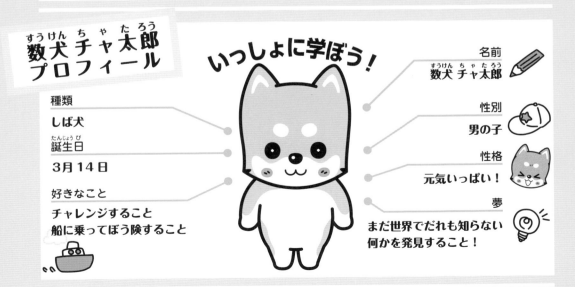

数犬チャ太郎プロフィール

いっしょに学ぼう！

種類
しば犬
誕生日
3月14日
好きなこと
チャレンジすること
船に乗ってぼう険すること

名前
数犬 チャ太郎

性別
男の子

性格
元気いっぱい！

夢
まだ世界でだれも知らない
何かを発見すること！

1 分数と整数のかけ算

答えは 別冊 2 ページ

1 次の計算をしましょう。

① $\dfrac{4}{9} \times 2$

② $\dfrac{2}{11} \times 3$

③ $\dfrac{3}{7} \times 4$

④ $\dfrac{9}{10} \times 7$

2 次の計算をしましょう。

① $\dfrac{1}{4} \times 2$

計算のとちゅうで約分できるときは，約分するよ。

② $\dfrac{2}{15} \times 3$

③ $\dfrac{5}{12} \times 4$

④ $\dfrac{3}{8} \times 6$

⑤ $\dfrac{7}{9} \times 3$

⑥ $\dfrac{5}{16} \times 12$

⑦ $\dfrac{1}{6} \times 6$

⑧ $\dfrac{4}{5} \times 10$

⑨ $\dfrac{2}{3} \times 21$

⑩ $\dfrac{11}{2} \times 20$

3 IdL でかべを $\frac{5}{6}$ m² ぬれるペンキがあります。このペンキ 3dL では，かべを何 m² ぬれますか。

式

答え（　　　　　）

4 I L の重さが $\frac{10}{11}$ kg の油があります。この油 44 L では，重さは何 kg になりますか。

式

答え（　　　　　）

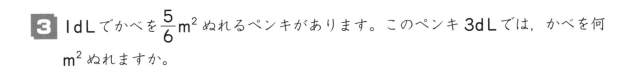

かんがえよう！ ―算数とプログラミング―

①，②にあてはまるものを下の　　　　の中から選んで記号で答えましょう。

分数と整数のかけ算を考えます。

$$\frac{\square}{\bigcirc} \times \triangle = \frac{①}{②}$$

⑦　○×△　　　　　⑦　○

⑦　△　　　　　⑦　□×△

①（　　　　　）②（　　　　　）

5

2 分数と整数のわり算

1 次の計算をしましょう。

① $\dfrac{1}{5} \div 3$

分子はそのままにして，分母にわる数をかけるよ。

② $\dfrac{7}{8} \div 6$

③ $\dfrac{3}{10} \div 5$

④ $\dfrac{11}{6} \div 2$

2 次の計算をしましょう。

① $\dfrac{2}{7} \div 2$

② $\dfrac{3}{4} \div 9$

③ $\dfrac{8}{11} \div 6$

④ $\dfrac{10}{13} \div 15$

⑤ $\dfrac{8}{9} \div 20$

⑥ $\dfrac{14}{15} \div 35$

⑦ $\dfrac{25}{4} \div 10$

⑧ $\dfrac{24}{5} \div 16$

⑨ $\dfrac{21}{2} \div 7$

⑩ $\dfrac{44}{3} \div 8$

3 $\frac{6}{7}$ L のお茶があります。これを4人で同じ量ずつ分けると，1人分は何Lになりますか。

式

答え（　　　　　　　）

4 $\frac{21}{8}$ m のロープを9等分しました。1つ分は何mになりますか。

式

答え（　　　　　　　）

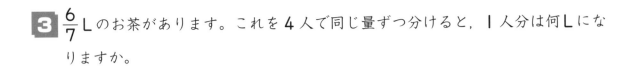

かんがえよう！　―算数とプログラミング―

①，②にあてはまるものを下の　　　の中から選んで記号で答えましょう。

分数と整数のわり算を考えます。

$$\frac{\square}{\bigcirc} \div \triangle = \frac{①}{②}$$

⑦	○×△	⑦	△
⑦	□	⑦	□×△

①（　　　　　　　）②（　　　　　　　）

1 右の図は，直線アイを対称の軸とした線対称な図形です。

① 辺AF(エーエフ)の長さは何cmですか。

（　　　　　　　）

② 辺EF(イー)の長さは何cmですか。

（　　　　　　　）

③ 角Fの大きさは何度ですか。

（　　　　　　　）

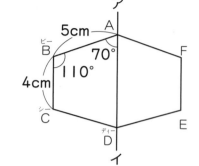

対応する辺や角に注目しよう。

2 右の図は，直線アイを対称の軸とした線対称な図形です。

① 直線BH(エイチ)と対称の軸アイはどのように交わっていますか。

（　　　　　　　）

② 辺HJ(ジェー)の長さは何cmですか。

（　　　　　　　）

③ 直線CG(ジー)の長さは何cmですか。

（　　　　　　　）

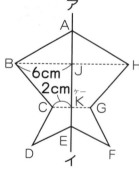

3 次の図は，線対称な図形です。対称の軸をかきましょう。

①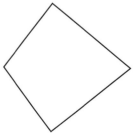

②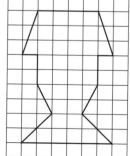

4 直線アイが対称の軸になるように，線対称な図形をかきましょう。

①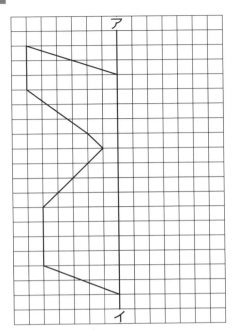

②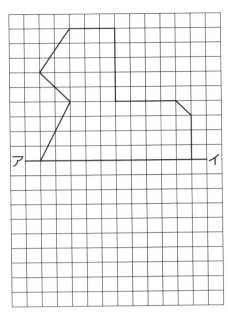

かんがえよう！ ー算数とプログラミングー

①，②にあてはまるものを下の ____ の中から選んで記号で答えましょう。

下の図で，線対称な図形には青をぬります。線対称でない図形には赤をぬります。

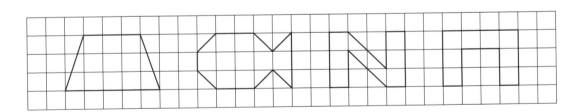

・青にぬられた形は ① つ，赤にぬられた形は ② つになります。

⟓ ⑦ 4 ⟓ ⑦ 2 ⟓ ⑦ 3 ⟓ ⑨ I

① (　　　　　　) ② (　　　　　　)

4 対称な図形(2)

1 右の図は，点Oを対称の中心とした点対称な図形です。

① 辺FGの長さは何cmですか。

（　　　　　　　）

② 辺CDの長さは何cmですか。

（　　　　　　　）

③ 角Aの大きさは何度ですか。

（　　　　　　　）

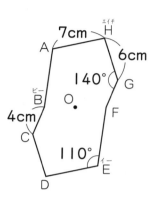

対応する辺や角は
どれかな？

2 右の図は，点Oを対称の中心とした点対称な図形です。

① 直線OGの長さは何cmですか。

（　　　　　　　）

② 直線BFの長さは何cmですか。

（　　　　　　　）

③ 点Mに対応する点Nをかきましょう。

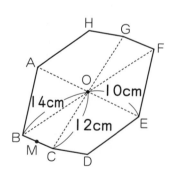

3 次の図は，点対称な図形です。対称の中心をかきましょう。

①

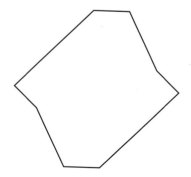

②

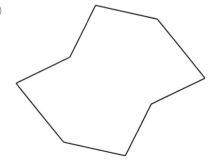

10

4 点Oが対称の中心になるように，点対称な図形をかきましょう。

①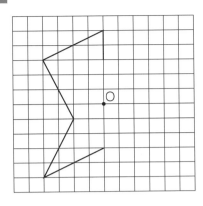

②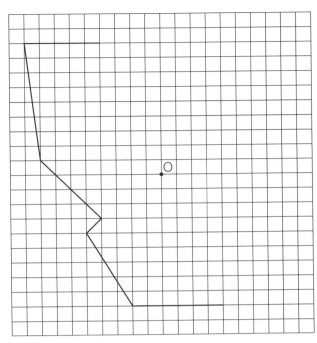

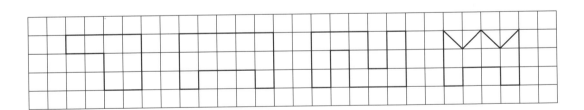

かんがえよう！ ー算数とプログラミングー

①，②にあてはまるものを下の の中から選んで記号で答えましょう。
下の図で，点対称な図形には青をぬります。点対称でない図形には赤をぬります。

・青にぬられた形は ① つ，赤にぬられた形は ② つになります。

⑦ 2　　④ 4　　⑦ 1　　① 3

① (　　　　　) ② (　　　　　)

1 右の図は平行四辺形です。

① 対称の中心をかきましょう。

② 平行四辺形が線対称な図形であれば○を，
そうでなければ✕を書きましょう。

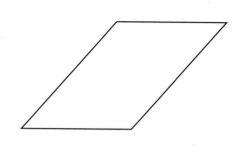

（　　　　　）

2 右の図はひし形です。

① 対称の中心をかきましょう。

② 対称の軸をかきましょう。

③ 対称の軸は何本ありますか。

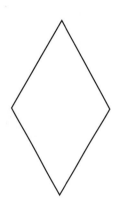

（　　　　　）

> 線対称な図形，点対称な図形の性質を思いだそう。

3 次の図を見て答えましょう。

二等辺三角形　　　　　　直角三角形　　　　　　正三角形

　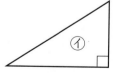　

① 線対称な図形をすべて選んで記号で答えましょう。
線対称な図形がないときは，✕を書きましょう。　（　　　　　　　）

② 点対称な図形をすべて選んで記号で答えましょう。
点対称な図形がないときは，✕を書きましょう。　（　　　　　　　）

4 次の図はいろいろな正多角形です。

① 点対称な図形をすべて選んで記号で答えましょう。

$$\Big(\qquad\qquad\Big)$$

② 5つの図形とも線対称な図形です。⑦，⑦，⑦に対称の軸は何本ありますか。

⑦ $\Big(\qquad\Big)$ ⑦ $\Big(\qquad\Big)$ ⑦ $\Big(\qquad\Big)$

かんがえよう! ―算数とプログラミング―

①，②にあてはまるものを下の □ の中から選んで記号で答えましょう。

正多角形の辺の数を○とします。

正多角形は，線対称な図形で，対称の軸の本数は ① 本です。

また，正多角形は○が4以上の ② のとき点対称な図形となります。

① $\Big(\qquad\Big)$ ② $\Big(\qquad\Big)$

下の図で，赤い旗を→の向きに動かします。

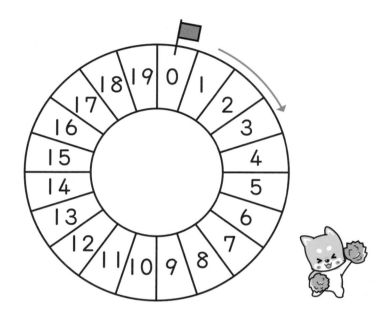

(例)赤い旗を，0 のますにおいて，次のように動かします。赤い旗は，どの数のます
に動きますか。

① 　15 ます進むことを 9 回くり返す

② 　13 ます進むことを 12 回くり返す

①15×9＝135　だから，赤い旗は，135 ます進みます。
　　20 ますで 1 周なので，135÷20＝6 あまり 15
　　赤い旗は，15 のますに動きます。
②13×12＝156　だから，赤い旗は，156 ます進みます。
　　15 のますから 156 ます進むので，15＋156＝171
　　171÷20＝8 あまり 11　なので，赤い旗は 11 のますに動きます。
(答え)　11 のます

順番に1つずつ
考えていこう。

1 青い旗を, 0 のますにおいて, 次のように動かします。青い旗は, どの数のます に動きますか。

①
　　　　17 ます進むことを 8 回くり返す
　　　　　　　　　↓
　　　　14 ます進むことを 11 回くり返す

(　　　　　　　　　) のます

②
　　　　3 ます進むことを 36 回くり返す
　　　　　　　　　↓
　　　　9 ます進むことを 16 回くり返す
　　　　　　　　　↓
　　　　4 ます進むことを 26 回くり返す

(　　　　　　　　　) のます

2 白い旗を, 18 のますにおいて, 次のように動かしたところ, 白い旗は, 1 のます に動きました。□にあてはまる数のうち, いちばん小さい数を答えましょう。

　　　　16 ます進むことを 12 回くり返す
　　　　　　　　　↓
　　　　19 ます進むことを 7 回くり返す
　　　　　　　　　↓
　　　　3 ます進むことを □回くり返す

白い旗は, はじめに 18のますにあることに 気をつけよう。

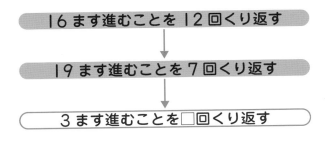

(　　　　　　　　　)

15

1 次の円の面積を求めましょう。

円の面積＝半径×半径×円周率
だね。

①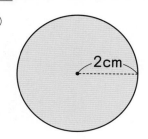

式

答え（　　　　　　　）

②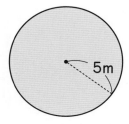

式

答え（　　　　　　　）

③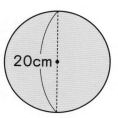

式

答え（　　　　　　　）

④

式

答え（　　　　　　　）

⑤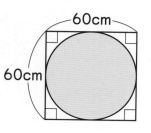

式

答え（　　　　　　　）

2 次の円の面積を求めましょう。

① 半径が **7cm** の円

式

答え（　　　　　　　　　）

② 直径が **18cm** の円

式

答え（　　　　　　　　　）

③ 円周の長さが **25.12cm** の円

式

答え（　　　　　　　　　）

かんがえよう！ ー算数とプログラミングー

①, ②にあてはまるものを下の◯◯の中から選んで記号で答えましょう。

| 半径6cmの円 | 直径6cmの円 |

| 直径24cmの円 | 半径20cmの円 |

上の4枚のカードに書いてある円の面積のうち, $100cm^2$以下のものは

① 枚, $200cm^2$以上のものは ② 枚です。

⑦ 2　　⑦ 4　　⑦ 3　　⑨ 1

①（　　　　　　　）　②（　　　　　　　）

1 次の図形の面積を求めましょう。

円の半分の
形だね。

①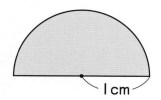

式

答え（　　　　　　　　）

②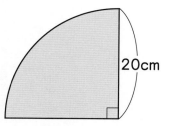

式

答え（　　　　　　　　）

③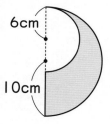

式

答え（　　　　　　　　）

④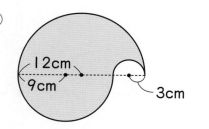

式

答え（　　　　　　　　）

18

2 次の図形の面積を求めましょう。

①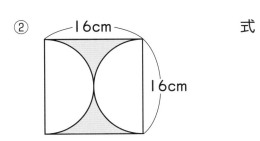

70cm

式

答え（　　　　　　　）

② 16cm

16cm

式

答え（　　　　　　　）

かんがえよう！ ─算数とプログラミング─

①，②にあてはまるものを下の □ の中から選んで記号で答えましょう。

「直径が10cmの円の半分の形の面積は<u>78.5cm²</u>です。」

上の文章の下線部分はまちがっています。

まちがいを説明している文章は，　①　です。

正しい面積は，　②　です。

- ㋐　求める図形の面積を，半径×半径×円周率×2で求めていないから
- ㋑　39.25cm²
- ㋒　求める図形の面積を，半径×半径×円周率÷2で求めていないから
- ㋓　314cm²

①（　　　　　　　）②（　　　　　　　）

1 次の式で x の表す数を求めましょう。

① $x+6=21$

（　　　　　　）

② $240+x=720$

（　　　　　　）

③ $x+0.8=10.5$

（　　　　　　）

④ $13.7+x=20$

（　　　　　　）

⑤ $x-9=72$

（　　　　　　）

⑥ $106-x=39$

（　　　　　　）

⑦ $x-2.5=8.9$

（　　　　　　）

⑧ $50-x=19.2$

（　　　　　　）

2 次の問題に答えましょう。

① $x+23=y$ の式で，x の値が 17 のとき，対応する y の値を求めましょう。

（　　　　　　）

② $4.7+x=y$ の式で，y の値が 15 のとき，対応する x の値を求めましょう。

（　　　　　　）

③ $x-38=y$ の式で，x の値が 64 のとき，対応する y の値を求めましょう。

（　　　　　　）

④ $6-x=y$ の式で，y の値が 0.8 のとき，対応する x の値を求めましょう。

（　　　　　　）

3 次のことを式に表しましょう。

① x 円のパン 1 個と 145 円のジュース 1 本を買ったときの代金の合計。

(   )

② x 円の本 1 冊を買うのに 1000 円を出したときのおつり。

(   )

4 次の x と y の関係を式に表しましょう。

① x と 13 の和は y に等しいです。

(   )

② x から 70 をひくと y になります。

(   )

③ 20.1 から x をひくと y になります。

(   )

かんがえよう！　ー算数とプログラミングー

①，②にあてはまるものを下の　　　の中から選んで記号で答えましょう。

・$x - ○ = y$ の式で○を求めるには，　①　を計算します。

・$○ - x = y$ の式で○を求めるには，　②　を計算します。

$$ ⑦ \quad x × y \qquad ⑦ \quad x - y $$
$$ ⑦ \quad y - x \qquad ⑦ \quad y + x $$

①(   ) ②(   )

1 次の式で x（エックス）の表す数を求めましょう。

① $x×6=2400$

（　　　　　　　）

② $13×x=169$

（　　　　　　　）

③ $x×0.7=8.4$

（　　　　　　　）

④ $1.6×x=4$

（　　　　　　　）

⑤ $x÷7=31$

（　　　　　　　）

⑥ $400÷x=8$

（　　　　　　　）

⑦ $x÷2.8=7.5$

（　　　　　　　）

⑧ $1.44÷x=1.6$

（　　　　　　　）

2 次の問題に答えましょう。

① $x×15=y$（ワイ）の式で，xの値が 11 のとき，対応するyの値（あたい）を求めましょう。

（　　　　　　　）

② $4.2×x=y$の式で，yの値が 1.26 のとき，対応するxの値を求めましょう。

（　　　　　　　）

③ $x÷9=y$の式で，xの値が 153 のとき，対応するyの値を求めましょう。

（　　　　　　　）

④ $18÷x=y$の式で，yの値が 0.5 のとき，対応するxの値を求めましょう。

（　　　　　　　）

3 次のことを式に表しましょう。

① 1mの値段がx円のリボンを 3.5m買ったときの代金。

$$(\qquad\qquad)$$

② xLの水を 17人で同じ量ずつ分けたときの1人分の量。

$$(\qquad\qquad)$$

4 次のxとyの関係を式に表しましょう。

① xと 59 の積はyに等しいです。

$$(\qquad\qquad)$$

② xを 4.8 でわるとyになります。

$$(\qquad\qquad)$$

③ 630 をxでわるとyになります。

$$(\qquad\qquad)$$

かんがえよう！ ─算数とプログラミング─

①，②にあてはまるものを下の の中から選んで記号で答えましょう。

・$x \div \bigcirc = y$ の式で$\bigcirc$を求めるには，　①　を計算します。

・$\bigcirc \div x = y$ の式で$\bigcirc$を求めるには，　②　を計算します。

> ㋐ $y \times x$ ㋑ $x - y$
>
> ㋒ $x \div y$ ㋓ $y \div x$

①$(\qquad)$ ②$(\qquad)$

◯ □ △ ☆ の記号に，次の数をあてはめます。

$$◯←1.8 \quad □←0.6 \quad △←1.2 \quad ☆←4$$

（例）次の計算をしましょう。

① ◯×☆
◯に 1.8，☆に 4 を入れると，1.8×4＝7.2
（答え）　7.2

② △＋☆×□
△に 1.2，☆に 4，□に 0.6 を入れると，1.2＋4×0.6＝1.2＋2.4＝3.6
（答え）　3.6

記号に数をあてはめよう。

1 上の記号を使って次の計算をしましょう。

① ◯×☆＋△×□

（　　　　　　　）

② △×◯÷☆÷□

（　　　　　　　）

③ （☆＋□）×（◯－△）

（　　　　　　　）

2  の記号に，次の数をあてはめます。

$$○←0.9 \quad □←1.5 \quad △←6 \quad ☆←180$$

上の記号を使って次の計算をしましょう。

どの記号にどの数が入るかを
まちがえないようにしよう。

① ○×☆÷△

(   )

② △÷(□－○)

(   )

③ □＋☆÷△×○

(   )

④ ☆－○×□×100＋△

(   )

⑤ (△－□)÷(☆×0.03－○)

(   )

12 分数のかけ算(1)

答えは 別冊 9 ページ

1 次の計算をしましょう。

① $\dfrac{1}{2} \times \dfrac{1}{4}$

分母どうし，分子どうしをかけよう。

② $\dfrac{2}{5} \times \dfrac{3}{7}$

③ $\dfrac{5}{3} \times \dfrac{4}{9}$

④ $\dfrac{7}{6} \times \dfrac{13}{10}$

2 次の計算をしましょう。

① $\dfrac{1}{5} \times \dfrac{5}{9}$

② $\dfrac{4}{7} \times \dfrac{3}{8}$

③ $\dfrac{9}{14} \times \dfrac{21}{2}$

④ $\dfrac{15}{11} \times \dfrac{5}{6}$

⑤ $\dfrac{4}{9} \times \dfrac{3}{4}$

⑥ $\dfrac{9}{10} \times \dfrac{2}{3}$

⑦ $\dfrac{7}{15} \times \dfrac{9}{14}$

⑧ $\dfrac{13}{20} \times \dfrac{25}{26}$

⑨ $\dfrac{7}{12} \times \dfrac{12}{7}$

⑩ $\dfrac{16}{5} \times \dfrac{15}{8}$

3 縦が $\frac{9}{8}$ m，横が $\frac{6}{7}$ m の長方形の面積を求めましょう。

式

答え（　　　　　　）

4 1mの重さが $\frac{14}{15}$ kg のパイプがあります。このパイプ $\frac{5}{12}$ m では，重さは何kg になりますか。

式

答え（　　　　　　）

かんがえよう！　－算数とプログラミング－

①，②にあてはまるものを下の　　　の中から選んで記号で答えましょう。

分数と分数のかけ算を考えます。

$$\frac{□}{○} \times \frac{☆}{△} = \frac{①}{②}$$

> ⑦ ○×△　　　　⑦ ○×☆
>
> ⑦ □×☆　　　　⑦ □×△

①（　　　　　）②（　　　　　）

27

1 次の計算をしましょう。

① $2 \times \dfrac{3}{7}$

② $5 \times \dfrac{11}{9}$

③ $1\dfrac{1}{2} \times \dfrac{1}{4}$

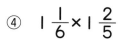

帯分数を仮分数に
なおそう。

④ $1\dfrac{1}{6} \times 1\dfrac{2}{5}$

2 次の計算をしましょう。

① $4 \times \dfrac{1}{8}$

② $12 \times \dfrac{3}{14}$

③ $9 \times \dfrac{11}{6}$

④ $15 \times \dfrac{4}{5}$

⑤ $\dfrac{2}{7} \times 1\dfrac{3}{8}$

⑥ $1\dfrac{9}{11} \times \dfrac{7}{12}$

⑦ $3\dfrac{3}{4} \times \dfrac{2}{9}$

⑧ $\dfrac{5}{6} \times 2\dfrac{2}{5}$

⑨ $3\dfrac{1}{3} \times 1\dfrac{1}{10}$

⑩ $2\dfrac{5}{8} \times 1\dfrac{1}{7}$

3 白いロープの長さは 7m で，黒いロープの長さは白いロープの長さの $\dfrac{10}{21}$ 倍です。

黒いロープの長さは何mですか。

式

答え（　　　　　　）

4 1L の重さが $\dfrac{5}{6}$ kg の油があります。この油 $1\dfrac{7}{9}$ L では重さは何kgになりますか。

式

答え（　　　　　　）

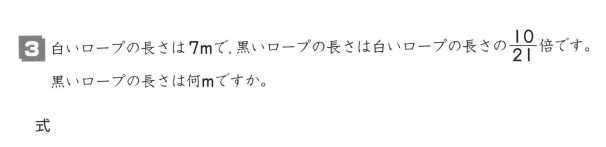

かんがえよう！ 一算数とプログラミングー

①，②にあてはまるものを下の の中から選んで記号で答えましょう。

| $\dfrac{5}{8} \times \dfrac{1}{2}$ | $\dfrac{9}{8} \times \dfrac{2}{3}$ | $\dfrac{7}{8} \times \dfrac{3}{2}$ | $\dfrac{3}{8} \times \dfrac{3}{4}$ |

・上のカードで，積がかけられる数より大きいものは，①枚です。

・上のカードで，積がかけられる数より小さいものは，②枚です。

㋐ 2　　㋑ 3　　㋒ 1　　㋓ 4

①（　　　　）②（　　　　）

1 次の数の逆数を求めましょう。

① $\dfrac{11}{6}$

② $\dfrac{1}{7}$

③ 1.3

$\Big(\qquad\Big)$　　$\Big(\qquad\Big)$　　$\Big(\qquad\Big)$

2 次の計算をしましょう。

① $\dfrac{1}{2} \times \dfrac{5}{6} \times \dfrac{1}{3}$

② $\dfrac{7}{9} \times \dfrac{3}{4} \times \dfrac{2}{5}$

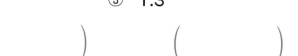
計算のとちゅうで約分できるときは，約分しよう。

③ $\dfrac{9}{8} \times \dfrac{16}{7} \times \dfrac{14}{15}$

④ $2\dfrac{1}{2} \times 6 \times \dfrac{9}{10}$

3 くふうして計算しましょう。

① $\left(\dfrac{7}{4} + \dfrac{2}{3}\right) \times 12$

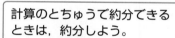
$(a+b) \times c = a \times c + b \times c$
を利用するよ。

② $\left(\dfrac{5}{6} - \dfrac{2}{9}\right) \times 18$

4 くふうして計算しましょう。

① $17 \times \dfrac{3}{5} + 3 \times \dfrac{3}{5}$

② $\dfrac{7}{8} \times \dfrac{17}{12} - \dfrac{7}{8} \times \dfrac{5}{12}$

5 縦 $\dfrac{1}{4}$ m, 横 $\dfrac{6}{7}$ m, 高さ $\dfrac{21}{5}$ m の直方体の体積は何m³ ですか。

式

答え (　　　　　　　　)

かんがえよう！ ―算数とプログラミング―

①, ②にあてはまるものを下の ┈┈ の中から選んで記号で答えましょう。

| 1.7 | $1\dfrac{7}{8}$ | $2\dfrac{5}{6}$ | $\dfrac{1}{9}$ | $5\dfrac{2}{3}$ | 0.2 |

上の6枚のカードを次のように分けます。
- 逆数が整数になるカードは青い箱に入れる。
- 逆数の分母が17になるカードは赤い箱に入れる。
- 青い箱にも赤い箱にも入らないカードは白い箱に入れる。

青い箱には ① 枚のカードが, 赤い箱には ② 枚のカードが入ります。

┈┈┈┈┈┈┈┈┈┈┈┈┈┈┈┈┈┈┈┈┈┈┈┈┈┈┈┈┈
　　⑦ 3　　④ 1　　⑦ 4　　① 2
┈┈┈┈┈┈┈┈┈┈┈┈┈┈┈┈┈┈┈┈┈┈┈┈┈┈┈┈┈

①(　　　　　　　) ②(　　　　　　　)

鳥ロボットを動かします。
命令は，　1ます進む　，　2ます進む　，　右にまわる　，　左にまわる
を組み合わせてつくります。

（例）

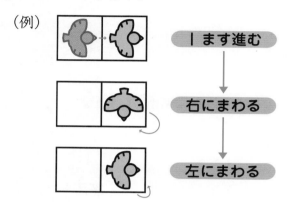

1ます進む

右にまわる

左にまわる

まわるときは，
まわるだけで，
進まないんだね。

1 次のような命令をすると，鳥ロボットはどのように進みますか。
記号で答えましょう。

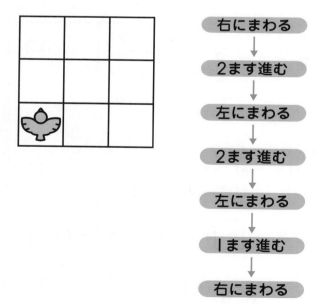

右にまわる

2ます進む

左にまわる

2ます進む

左にまわる

1ます進む

右にまわる

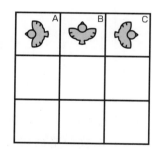

鳥ロボットの
向きをまちがえ
ないようにしよう。

（　　　　　）

2 次のような命令をすると，鳥ロボットは，どのように進みますか。アルファベットと向きで答えましょう。向きは，上，右，左，下で答えましょう。

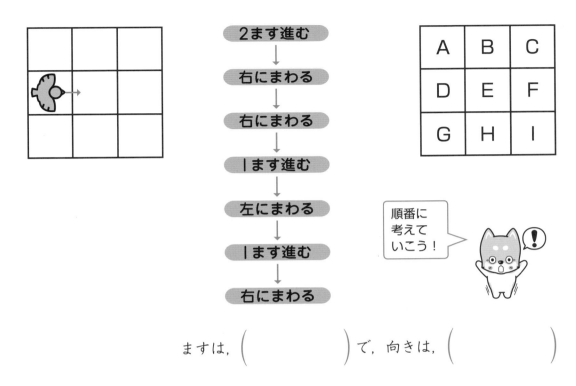

ますは，（　　　　　　　）で，向きは，（　　　　　　　）

3 鳥ロボットが下のように進みました。どのような命令をしましたか。続きを書きましょう。

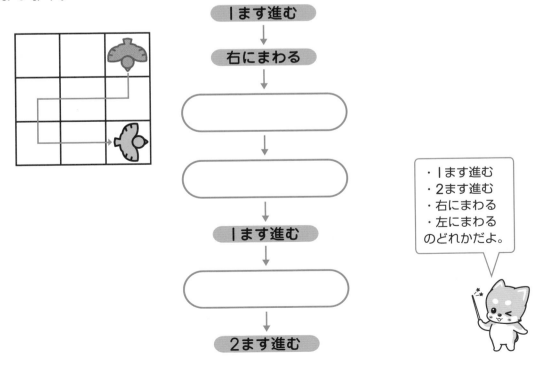

16 分数のわり算(1)

1 次の計算をしましょう。

① $\dfrac{1}{5} \div \dfrac{1}{4}$

わる数の
逆数を
かけるよ。

② $\dfrac{5}{8} \div \dfrac{2}{3}$

③ $\dfrac{7}{11} \div \dfrac{3}{2}$

④ $\dfrac{6}{7} \div \dfrac{5}{9}$

2 次の計算をしましょう。

① $\dfrac{1}{6} \div \dfrac{5}{6}$

② $\dfrac{6}{7} \div \dfrac{3}{2}$

計算のとちゅう
で約分しよう。

③ $\dfrac{3}{10} \div \dfrac{7}{8}$

④ $\dfrac{5}{21} \div \dfrac{13}{14}$

⑤ $\dfrac{10}{9} \div \dfrac{11}{18}$

⑥ $\dfrac{12}{5} \div \dfrac{20}{3}$

⑦ $\dfrac{9}{25} \div \dfrac{9}{10}$

⑧ $\dfrac{3}{4} \div \dfrac{27}{22}$

⑨ $\dfrac{25}{12} \div \dfrac{35}{8}$

⑩ $\dfrac{10}{9} \div \dfrac{5}{18}$

3 縦の長さは $\dfrac{21}{5}$ m で，面積が $\dfrac{7}{8}$ m^2 の長方形があります。この長方形の横の長さを求めましょう。

式

答え（　　　　　　　　）

4 1 L で $\dfrac{25}{9}$ m^2 のかべをぬれるペンキがあります。$\dfrac{10}{3}$ m^2 のかべをぬるには，何 L のペンキがいりますか。

式

答え（　　　　　　　　）

かんがえよう！ ー算数とプログラミングー

①，②にあてはまるものを下の　　　　の中から選んで記号で答えましょう。

分数と分数のわり算を考えます。

$$\dfrac{\square}{\bigcirc} \div \dfrac{\stackrel{\wedge}{\star}}{\triangle} = \dfrac{①}{②}$$

㋐ ○×☆	㋑ □×△
㋒ ○×△	㋓ □×☆

①（　　　　　　）　②（　　　　　　）

1 次の計算をしましょう。

① $5 \div \dfrac{8}{9}$

② $6 \div \dfrac{1}{7}$

③ $1\dfrac{1}{2} \div \dfrac{1}{5}$

④ $2\dfrac{2}{3} \div 1\dfrac{3}{4}$

2 次の計算をしましょう。

① $3 \div \dfrac{6}{11}$

② $8 \div \dfrac{20}{3}$

③ $9 \div \dfrac{3}{5}$

④ $28 \div \dfrac{7}{2}$

⑤ $\dfrac{3}{8} \div 1\dfrac{5}{6}$

⑥ $6\dfrac{3}{4} \div \dfrac{18}{19}$

⑦ $\dfrac{8}{15} \div 1\dfrac{5}{9}$

⑧ $\dfrac{25}{56} \div 2\dfrac{8}{21}$

⑨ $1\dfrac{7}{9} \div 3\dfrac{3}{7}$

⑩ $2\dfrac{8}{21} \div 2\dfrac{11}{12}$

3 パイプが $\dfrac{12}{13}$ m あります。重さは 4kg です。このパイプ 1m の重さは何kgですか。

式

答え （　　　　　）

4 大きいポットには水が $1\dfrac{3}{11}$ L，小さいポットには水が $\dfrac{15}{22}$ L 入っています。
大きいポットに入っている水の量は，小さいポットに入っている水の量の何倍ですか。

式

答え （　　　　　）

かんがえよう！ ー算数とプログラミングー

①，②にあてはまるものを下の ┆┄┄┄┆ の中から選んで記号で答えましょう。

$$\dfrac{3}{7} \div \dfrac{2}{3} \qquad \dfrac{8}{7} \div \dfrac{1}{2} \qquad \dfrac{5}{7} \div \dfrac{3}{4} \qquad \dfrac{9}{7} \div \dfrac{3}{2}$$

・上のカードで，商がわられる数より小さいものは，①枚です。

・上のカードで，商がわられる数より大きいものは，②枚です。

⑦ 1　　⑦ 3　　⑦ 2　　⑪ 4

①（　　　　　） ②（　　　　　）

37

1 次の計算をしましょう。

① $\dfrac{1}{2} \div \dfrac{2}{3} \div \dfrac{5}{9}$

かけ算だけの式になおして計算しよう。

② $\dfrac{2}{7} \div \dfrac{3}{5} \times \dfrac{14}{15}$

③ $\dfrac{3}{8} \times \dfrac{5}{6} \div \dfrac{25}{26}$

2 次の計算をしましょう。

① $\dfrac{8}{5} \div 0.3 \div \dfrac{4}{11}$

小数を分数になおそう。

② $3 \div \dfrac{21}{40} \times 0.63$

③ $2.7 \div \dfrac{2}{3} \times \dfrac{5}{4} \div 9$

3 次の□にあてはまる数を求めましょう。

① $\dfrac{\square}{25} \div \dfrac{2}{9} \times \dfrac{5}{7} = \dfrac{18}{35}$

$$(\qquad\qquad)$$

② $\dfrac{\square}{6} \times 0.7 \div 21 = \dfrac{1}{36}$

$$(\qquad\qquad)$$

かんがえよう！ ―算数とプログラミング―

①，②にあてはまるものを下の ┆┄┄┆ の中から選んで記号で答えましょう。

| $\dfrac{2}{7} \times 4 \div \dfrac{8}{21}$ | $\dfrac{1}{6} \div 0.3 \times \dfrac{9}{5}$ | $\dfrac{1}{3} \div \dfrac{1}{4} \times \dfrac{3}{2}$ | $0.5 \times \dfrac{3}{8} \div \dfrac{1}{16}$ |

上の4枚のカードを次のように分けます。
・答えが2になるカードは青い箱に入れる。
・答えが3になるカードは赤い箱に入れる。
・青い箱にも赤い箱にも入らないカードは白い箱に入れる。

青い箱には ① 枚のカードが，赤い箱には ② 枚のカードが入ります。

┄┄┄┄┄┄┄┄┄┄┄┄┄┄┄┄┄┄┄┄┄┄┄┄┄┄┄┄┄┄┄┄┄┄┄┄┄┄┄
　　　⑦ 4　　　⑦ 3　　　⑦ 2　　　⑦ l
┄┄┄┄┄┄┄┄┄┄┄┄┄┄┄┄┄┄┄┄┄┄┄┄┄┄┄┄┄┄┄┄┄┄┄┄┄┄┄

$$①\left(\qquad\right) \quad ②\left(\qquad\right)$$

0, 1, 2, 3, 4, 5, 6, 7, 8, 9 の 10 種類の数を使って数を表すことを十進法（じっしんほう）といいます。

0, 1 の 2 種類の数を使って数を表すことを二進法（にしんほう）といいます。

（例 1）十進法の **0** は、　二進法でも　**0**
　　　　十進法の **1** は、　二進法でも　**1**
　　　　十進法の **2** は、　二進法では　**10**
　　　　十進法の **3** は、　二進法では　**11**

（例 2）十進法の **11** を二進法の数になおしましょう。

　　　　2）11
　　　　2）　5　あまり 1
　　　　2）　2　あまり 1
　　　　　　1　あまり 0

⇩

十進法の 11 を 2 でわっていって、いちばん下の商と、あまりを下からならべたものが求める数になるよ。

いちばん下の商は 1、あまりは下から順に 0, 1, 1

⇩

十進法の 11 を二進法で表すと、**1011**　　　　　　　　　（答え）　**1011**

（例 3）二進法の **1110** を十進法の数になおしましょう。

　　　　二進法の **1000** は、十進法では、1×2×2×2=8
　　　　二進法の　**100** は、十進法では、1×2×2=4
　　　　二進法の　　**10** は、十進法では、1×2=2
　　　　二進法の　　　**0** は、十進法では、0
　　　　なので、8+4+2+0=14　　　　　　　　　　　　　　（答え）　**14**

十進法の 1, 2, 4, 8, 16 は、二進法では、1, 10, 100, 1000, 10000 となるんだね。

1 十進法で表された次の数を，二進法の数になおしましょう。

① 9

（　　　　　　　）

② 16

（　　　　　　　）

③ 19

（　　　　　　　）

2 二進法で表された次の数を，十進法の数になおしましょう。

① 1100

（　　　　　　　）

② 10100

（　　　　　　　）

③ 11011

（　　　　　　　）

学習した 日

月　　　日

答えは 別冊 14 ページ

1 次の比を答えましょう。

① 赤いリボン **5m** と青いリボン **7m** の長さの比

比の記号「：」を使って表そう。

（　　　　　　　　）

② 塩 **40g** と砂糖 **100g** の重さの比

（　　　　　　　　）

2 次の比の値を求めましょう。

① 1 : 4

（　　　　　　　　）

② 10 : 7

（　　　　　　　　）

③ 9 : 6

（　　　　　　　　）

④ 15 : 3

（　　　　　　　　）

3 次の 2 つの比が，等しい比か等しくない比かを答えましょう。

① 2 : 5 と 8 : 20

（　　　　　　　　）

② 11 : 9 と 9 : 7

（　　　　　　　　）

③ 42 : 36 と 56 : 48

（　　　　　　　　）

4 次の比を簡単にしましょう。

① 6：18

② 8：28

(　　　　　　　)

(　　　　　　　)

③ 20：45

④ 66：11

(　　　　　　　)

(　　　　　　　)

⑤ 240：150

⑥ 130：39

(　　　　　　　)

(　　　　　　　)

5 次のア～エのうちで，等しい比はどれとどれですか。記号で答えましょう。

ア 16：20　　　イ 15：25　　　ウ 28：35　　　エ 25：20

(　　　と　　　)

かんがえよう！ ー算数とプログラミングー

①，②にあてはまるものを下の [　　] の中から選んで記号で答えましょう。

| 72：81 | | 48：30 | | 48：20 | | 120：135 |

・上のカードで，8：9と等しい比になるものは，① 枚（まい）です。

・上のカードで，12：5と等しい比になるものは，② 枚です。

㋐ 0　　㋑ 3　　㋒ 2　　㋓ 1

①(　　　　　　　)　②(　　　　　　　)

21 比と比の値⑵

1 次の式で，x（エックス）の表す数を求めましょう。

①　$1：3＝x：21$

②　$8：11＝72：x$

（　　　　　　　　）

（　　　　　　　　）

③　$24：x＝3：5$

④　$x：6＝65：78$

（　　　　　　　　）

（　　　　　　　　）

2 次の比を簡単（かんたん）にしましょう。

①　$0.8：3.2$

②　$6：1.8$

（　　　　　　　　）

（　　　　　　　　）

③　$\dfrac{1}{4}：\dfrac{1}{5}$

④　$\dfrac{5}{6}：\dfrac{8}{9}$

（　　　　　　　　）

（　　　　　　　　）

3 次の式で，xの表す数を求めましょう。

①　$20：17.5＝x：7$

②　$\dfrac{13}{2}：\dfrac{4}{3}＝x：8$

（　　　　　　　　）

（　　　　　　　　）

4 長さの比が 2：3 になるようにリボンを切ります。長い方の長さは 27cm になりました。短い方の長さは何 cm ですか。

(　　　　　)

5 カードが 156 枚あります。ももかさんとたくとさんで 7：5 になるように分けると，ももかさんのカードは何枚になりますか。

(　　　　　)

6 まわりの長さが 160m の長方形の形をした公園があります。縦と横の長さの比は 9：11 です。縦の長さは何 m ですか。

(　　　　　)

かんがえよう！ ー算数とプログラミングー

①，②にあてはまるものを下の ___ の中から選んで記号で答えましょう。

| $1:x=3:9$ | $x:9=8:18$ | $8:12=x:3$ |

| $15:10=x:4$ | $2:x=4:10$ | $12:9=4:x$ |

・上のカードで，x が3になるのは， ① 枚です。

・上のカードで，x が5になるのは， ② 枚です。

> ⑦ 4 　 ⑦ 1 　 ⑦ 3 　 ⑦ 2

① (　　　　) ② (　　　　)

1 下の図を見て答えましょう。

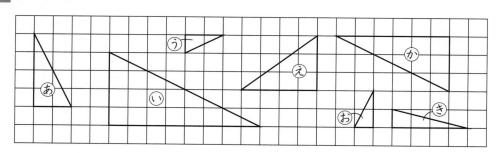

① あの三角形の拡大図になっている三角形はどれですか。すべて選んで記号で答えましょう。

（　　　　　　　　　）

② あの三角形の縮図になっている三角形はどれですか。すべて選んで記号で答えましょう。

（　　　　　　　　　）

2 右の四角形
EFGHは,
四角形ABCD
の2倍の拡大図
です。

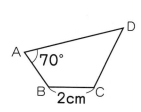
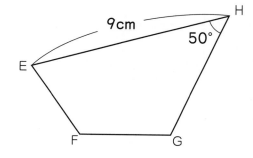

① 辺CDに対応する辺はどれですか。

（　　　　　　　　　）

② 角Bに対応する角はどれですか。

（　　　　　　　　　）

③ 辺FGの長さは何cm ですか。

（　　　　　　　　　）

④ 角Eの大きさは何度ですか。

（　　　　　　　　　）

3 次の図をかきましょう。

① 三角形ABCの **2** 倍の拡大図

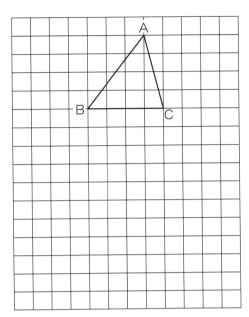

② 四角形ABCDの $\frac{1}{2}$ の縮図

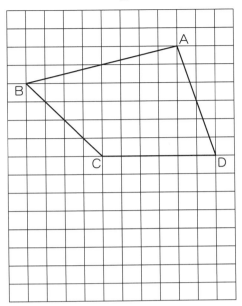

かんがえよう！ ―算数とプログラミングー

①，②にあてはまるものを下の ┈┈┈ の中から選んで記号で答えましょう。
下の図で，あの縮図には青をぬります。あの縮図でない図には赤をぬります。

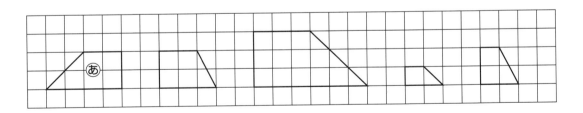

・青にぬられた形は ① つ，赤にぬられた形は ② つになります。

㋐ 2 ㋑ 1 ㋒ 4 ㋓ 3

①(   ) ②(   )

学習した日

月　　　日

答えは 別冊 16 ページ

1 次の三角形ABCの 2 倍の拡大図と，$\frac{1}{2}$ の縮図をかきましょう。

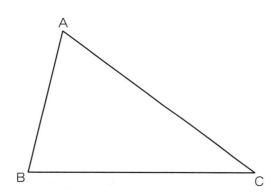

2 下の図は，$\frac{1}{400}$ の縮図です。実際のAとBの間のきょりは何mですか。AとB
の間の長さをはかって求めましょう。

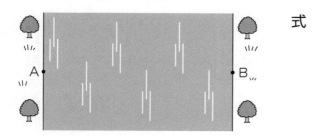

式

答えの単位に
気をつけよう。

答え（　　　　　　　）

48

3 下の図は，あいさんが木から10mはなれたところに立って，木の上のはしAを見上げているところです。

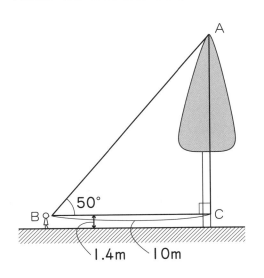

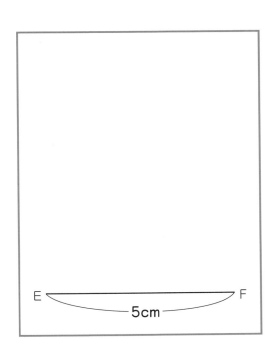

① 三角形ABCの $\dfrac{1}{200}$ の縮図の三角形DEF（ディーイーエフ）の続きをかきましょう。

② 木の実際の高さは何mですか。辺DFの長さをはかって求めましょう。
式

答え（　　　　　　　）

①，②にあてはまるものを下の の中から選んで記号で答えましょう。

1辺が x mの正方形の縮図をかきます。

・ $\dfrac{1}{1000}$ の縮図のときは，1辺が ① cmの正方形になります。

・ $\dfrac{1}{25000}$ の縮図のときは，1辺が ② cmの正方形になります。

> ⑦ $x \times 0.001$　　⑦ $x \times 0.1$
>
> ⑦ $x \times 0.004$　　⑦ $x \times 0.002$

①（　　　　　）②（　　　　　）

49

1 下のような **6** つの図形があります。

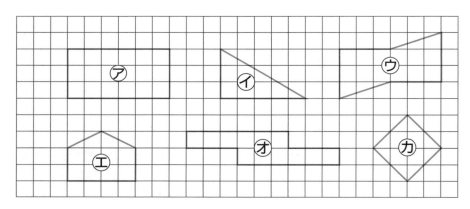

これを次のように分けていきます。

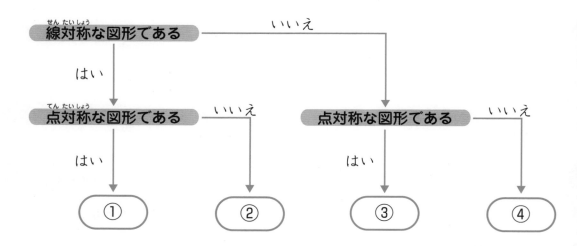

①～④にあてはまる形を記号ですべて答えましょう。

① (　　　　　　　　　　)　　② (　　　　　　　　　　)

③ (　　　　　　　　　　)　　④ (　　　　　　　　　　)

①は線対称でもあり
点対称でもある図形だね。

2 下のような6つの図形があります。

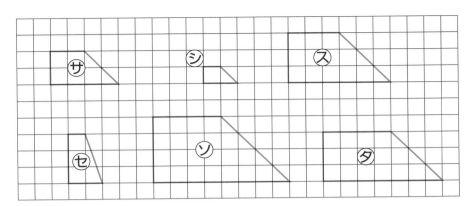

㋛〜㋟の5つの図形を次のように分けていきます。

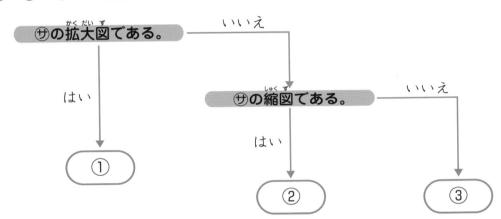

拡大図や縮図の特ちょうを
思い出そう。

①〜③にあてはまる形を記号ですべて答えましょう。

① (　　　　　　　　　　　　　　)

② (　　　　　　　　　　　　　　)

③ (　　　　　　　　　　　　　　)

1 次の角柱の体積を求めましょう。

角柱の体積＝底面積×高さ

①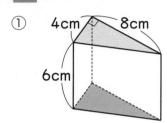

式

答え（　　　　　　　）

②

式

答え（　　　　　　　）

③

式

答え（　　　　　　　）

④

式

答え（　　　　　　　）

2 次の円柱の体積を求めましょう。

① 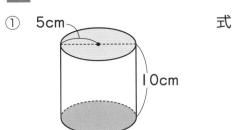 　　　　式

円柱の体積＝底面積×高さ

答え （　　　　　　　　）

② 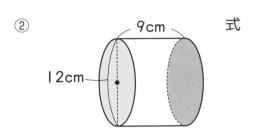 　　　　式

答え （　　　　　　　　）

かんがえよう！ ―算数とプログラミング―

①, ②にあてはまるものを下の___の中から選んで記号で答えましょう。

| 底面の円の半径が2cmで，高さが7cmの円柱 | 底面の円の直径が8cmで，高さが3cmの円柱 | 底面の円の半径が3cmで，高さが4cmの円柱 | 底面の円の直径が7cmで，高さが6cmの円柱 |

上の4枚のカードに書かれている円柱の体積が

150cm³以下のものは ① 枚, 200cm³以上のものは ② 枚です。

⑦ 3　　⑦ 1　　⑦ 2　　⑦ 4

① （　　　　　　　）　② （　　　　　　　）

1 次の立体の体積を求めましょう。

①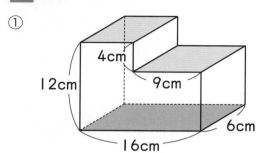
式

答え（　　　　　　　　　）

②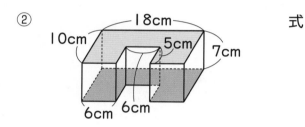
式

答え（　　　　　　　　　）

③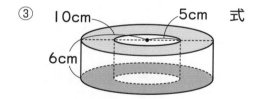
式

答え（　　　　　　　　　）

④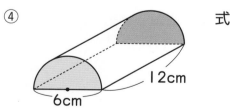
式

答え（　　　　　　　　　）

2 次の問題に答えましょう。

① 下の水そうを四角柱とみて，およその容積を求めましょう。

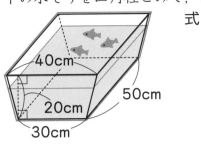

式

答え（　　　　　　　　）

② 下のおかしの箱を円柱とみて，およその体積を求めましょう。

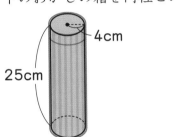

式

答え（　　　　　　　　）

かんがえよう！ ー算数とプログラミングー

①，②にあてはまるものを下の　　　の中から選んで記号で答えましょう。

角柱の体積は，「底面積×高さ」で求められます。

・底面積をそのままにして，高さをa倍にすると，体積は ① 倍になります。

・底面積をb倍，高さをc倍にすると，体積は ② 倍になります。

㋐　$b×c$　　㋑　a　　㋒　$b+c$　　㋓　$a×a$

①（　　　　　　　　）②（　　　　　　　　）

27 比例と反比例(1)

1 高さが5cmの平行四辺形の底辺の長さを1cm，2cm，3cm，…と変えていきます。

① 底辺の長さを x cm，面積を y cm^2 として，y を x の式で表しましょう。

（　　　　　　　　　　）

② 下の表のあいているところに数を書きましょう。

底辺の長さ x(cm)	1	2	3	4	5
面積 y(cm^2)	5				

③ 底辺の長さが $\frac{1}{2}$ 倍，$\frac{1}{3}$ 倍，…になると，それにともなって面積はどのように変わりますか。

（　　　　　　　　　　）

④ 面積は底辺の長さに比例しているといえますか。

（　　　　　　　　　　）

⑤ x と y の関係を下のグラフにかきましょう。

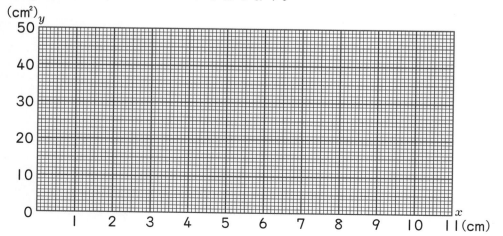

2 同じクリップ15個の重さは18gでした。このクリップ400個の重さは何gですか。

(   )

3 コピー用紙80枚の厚さが12mmでした。このコピー用紙600枚の厚さは何cmですか。

(   )

4 40cmで7gの針金があります。この針金10mの重さは何gですか。

(   )

かんがえよう!　ー算数とプログラミングー

①, ②にあてはまるものを下の　　　の中から選んで記号で答えましょう。

底辺の長さが7cm, 高さが$x$cmの 三角形の面積$y$cm^2	1本0.7kgの 鉄のパイプがx本 あるときの全体の 重さ$y$kg	7kmの道のりを 時速$x$kmで歩くと y時間かかる

上の3枚のカードに書いてあることがらについて考えます。

・yはxに比例し，決まった数が7のことがらが書いてあるカードは ① 枚で，

yはxに比例しないことがらが書いてあるカードは ② 枚です。

　　㋐ 3　　㋑ 1　　㋒ 2　　㋓ 0

①(   ) ②(   )

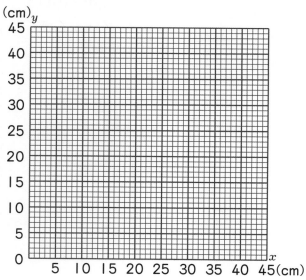

28 比例と反比例(2)

2 | 分間に 8L の水を入れると，12 分で満水になる水そうがあります。この水そうに，| 分間に 6L の水を入れると，満水になるには何分かかりますか。

(　　　　　)

3 家から図書館まで分速 75m で歩くと 18 分かかります。分速 90m で歩くと何分かかりますか。

(　　　　　)

4 底辺の長さが 25cm，高さが 24cm の平行四辺形があります。この平行四辺形と同じ面積で，底辺の長さが 16cm の平行四辺形の高さは何 cm ですか。

(　　　　　)

かんがえよう！ ー算数とプログラミングー

①，②にあてはまるものを下の ____ の中から選んで記号で答えましょう。

「分速○ m で x 分歩いたところ，y m 進みました。」ということがらを，
「$y＝○÷x$」という式で表しました。

上の文章の下線部分はまちがっています。

まちがいを説明している文章は，① です。正しい式は，② です。

ⓐ　$y＝○×x$ 　　ⓘ　速さ＝道のり×時間 としていないから。
ⓒ　$x＝○÷y$ 　　ⓔ　道のり＝速さ×時間 としていないから。
---

①(　　　　) 　②(　　　　)

29 小数をつくろう！

下のようなますに数を入れて小数をつくります。

（例）次のように数を入れると，どんな小数ができますか。

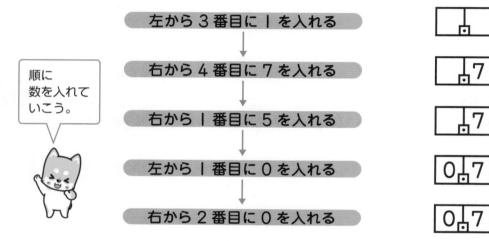

順に
数を入れて
いこう。

（答え）　0.7105

1 次のように数を入れると，どんな小数ができますか。

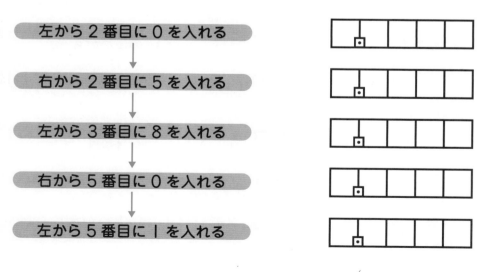

（　　　　　　　　　　　）

2 次のように数を入れると，どんな小数ができますか。

①

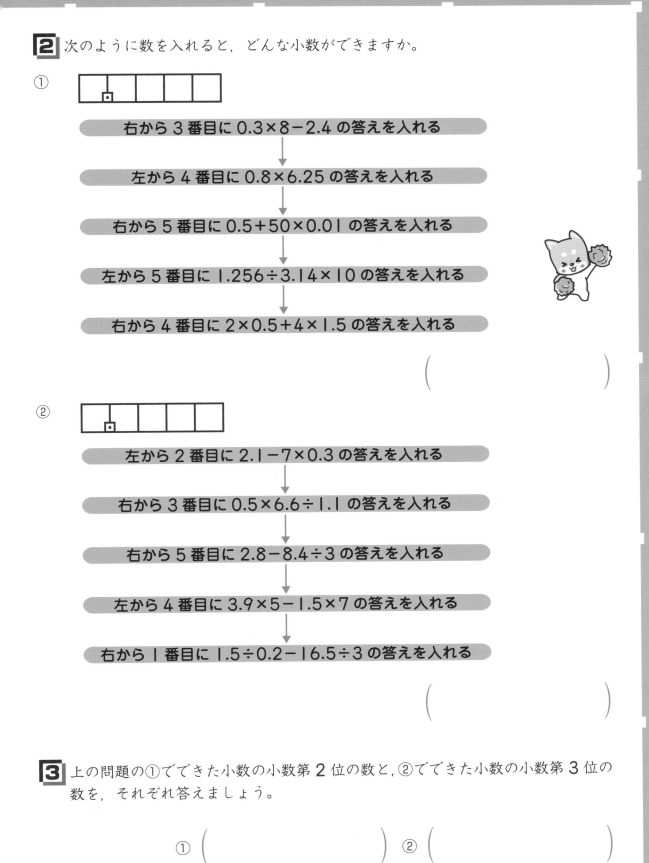

右から 3 番目に 0.3×8−2.4 の答えを入れる

↓

左から 4 番目に 0.8×6.25 の答えを入れる

右から 5 番目に 0.5+50×0.01 の答えを入れる

↓

左から 5 番目に 1.256÷3.14×10 の答えを入れる

右から 4 番目に 2×0.5+4×1.5 の答えを入れる

( )

②

左から 2 番目に 2.1−7×0.3 の答えを入れる

↓

右から 3 番目に 0.5×6.6÷1.1 の答えを入れる

右から 5 番目に 2.8−8.4÷3 の答えを入れる

↓

左から 4 番目に 3.9×5−1.5×7 の答えを入れる

↓

右から 1 番目に 1.5÷0.2−16.5÷3 の答えを入れる

( )

3 上の問題の①でできた小数の小数第 2 位の数と，②でできた小数の小数第 3 位の数を，それぞれ答えましょう。

① ( ) ② ( )

並べ方と組み合わせ方(1)

1 あおいさん，まゆさん，りくさん，れんさんの 4 人が横一列に並びます。

① あおいさんがいちばん右のとき，並び方は何通りありますか。

（　　　　　　）

② まゆさんがいちばん右のとき，並び方は何通りありますか。

（　　　　　　）

③ りくさんがいちばん右のとき，並び方は何通りありますか。

（　　　　　　）

④ れんさんがいちばん右のとき，並び方は何通りありますか。

（　　　　　　）

⑤ 4 人の並び方は全部で何通りありますか。

（　　　　　　）

2 1 枚のコインを投げて，表になるか裏になるかを調べます。3 回続けて投げたとき，次のような出方は何通りありますか。

① 表が 3 回

図に表して，考えよう。

（　　　　　　）

② 表が 1 回，裏が 2 回

（　　　　　　）

3 右のような 3 枚のカードがあります。このカードのうちの 2 枚を並べてできる 2 けたの整数について答えましょう。

$$\boxed{2}\quad\boxed{3}\quad\boxed{5}$$

① 偶数のものをすべて答えましょう。

( )

② 奇数のものをすべて答えましょう。

( )

③ 5 の倍数のものをすべて答えましょう。

( )

④ いちばん大きい整数を答えましょう。

( )

かんがえよう！ 　ー算数とプログラミングー

①，②にあてはまるものを下の ___ の中から選んで記号で答えましょう。

$$\boxed{1}\quad\boxed{1}\quad\boxed{2}\quad\boxed{2}\quad\boxed{3}$$

・上の5枚のカードから2枚を並べてできる2けたの整数は ① 通りあり，そのうち偶数は ② 通りです。

```
㋐ 9    ㋑ 8    ㋒ 3    ㋓ 2
```

①( ) ②( )

1 たくみさん，けんとさん，そうたさんの 3 人からそうじをする係を選びます。

① 3 人から 1 人を選ぶとき，選び方は何通りありますか。

（　　　　　）

② 3 人から 2 人を選ぶとき，選び方は何通りありますか。

（　　　　　）

2 プリン，ケーキ，エクレア，シュークリームの 4 つのおやつがあります。この中から 2 つを選びます。

① 1 つはプリンを選んだとき，もう 1 つの選び方は何通りありますか。

（　　　　　）

② 2 つの選び方は全部で何通りありますか。

（　　　　　）

3 野球チームがＡ，Ｂ，Ｃ，Ｄの 4 チームあります。どのチームも他のチームと1 試合ずつ行います。

① Ａチームは何試合行いますか。

（　　　　　）

② Ｂチームの相手になるチームをすべて答えましょう。

（　　　　　）

③ 試合数は全部で何試合になりますか。

重なりや落ちがないように注意しよう。
表を利用するといいね。

（　　　　　）

4 右のような 5 枚のカードがあります。こ
のカードのうちの 2 枚を選んで，書いて
ある 2 つの数をかけてできる整数につい
て答えましょう。

$$\boxed{1} \quad \boxed{2} \quad \boxed{3} \quad \boxed{4} \quad \boxed{5}$$

① 1 けたの整数は何個できますか。

( )

② 2 けたの整数は何個できますか。

( )

③ 偶数は何個できますか。

( )

④ 2 番目に大きい整数を答えましょう。

( )

かんがえよう！ ―算数とプログラミング―

①，②にあてはまるものを下の ┈┈ の中から選んで記号で答えましょう。

$$\bigcirc \quad \triangle \quad \star \quad \square \quad \circledcirc$$

上の5枚のカードから3枚を選びます。

・1枚は $\bigcirc$ を選んだとき，もう2枚の選び方は $\boxed{①}$ 通りあります。

・5枚のカードから3枚を選ぶ選び方は $\boxed{②}$ 通りあります。

⑦ 10 　 ⑦ 6 　 ⑦ 8 　 ⑦ 4

①( ) ②( )

32 資料の調べ方(1)

1 下の表は，ななみさんのクラスの人が，9月に図書室に行った回数をまとめたものです。

6	8	2	7	5	3	10
8	15	5	10	16	10	9
4	12	14	3	10	8	12

(単位は回)

① 右の表のあいているところにあてはまる数を書きましょう。

② 図書室に行った回数がいちばん多い人の回数は何回ですか。

(　　　　　)

回数（回）	人数（人）
0以上〜5未満	
5　〜10	
10　〜15	
15　〜20	
合計	

2 下の表はいちごの重さをまとめたものです。

① 16	② 24	③ 22	④ 19	⑤ 20
⑥ 21	⑦ 19	⑧ 24	⑨ 22	⑩ 23

(単位は g)

① いちごの重さを，ドットプロットで表しましょう。

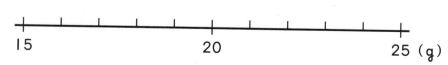

15　　　　　　　　20　　　　　　　　25 (g)

② いちごの平均の重さは何gですか。

式

答え(　　　　　)

3 右の表は，あかりさんのクラスの人が先週，自宅で読書をした時間をまとめたものです。

読書をした時間（時間）	人数（人）
0以上〜1未満	3
1 〜2	9
2 〜3	7
3 〜4	6
4 〜5	3
5 〜6	2
合計	30

① いちばん人数の多い階級は，何時間以上何時間未満ですか。

( )

② 読書をした時間が長いほうから数えて6番目の人は，どの階級に入っていますか。

( )

③ 2時間以上読書をした人は，全体の何%ですか。

( )

かんがえよう！ —算数とプログラミング—

①，②にあてはまるものを下の　　の中から選んで記号で答えましょう。

「上の **3** で，読書をした時間が2時間未満の人は，全体の**30%**です。」

この文章の下線部分はまちがっています。

まちがいを説明している文章は，　①　です。正しい答えは，　②　です。

⑦ 40%
⑦ 人数をそのまま割合としているから
⑦ 10%
⑦ 0時間以上1時間未満の人をたしていないから

①( ) ②( )

33 資料の調べ方(2)

1 下の表は，たまごの重さをまとめたものです。これを柱状グラフに表しましょう。

たまごの重さ (g)	個数 (個)
45 以上～ 48 未満	1
48　　～ 51	4
51　　～ 54	7
54　　～ 57	5
57　　～ 60	3
合計	20

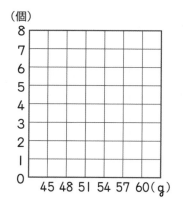

2 右の表は，ゆうたさんのクラスで 10 点満点の小テストをした結果です。

① いちばん点数が高い人といちばん点数が低い人の点数のちがいは何点ですか。

（　　　　　　　）

7	6	8	10	6	8
4	10	9	6	4	9
6	7	8	4	5	╱

（単位は点）

② 17 人の結果を点数が高い順に並べましょう。

＿＿＿＿＿＿＿＿＿＿＿＿＿＿＿＿＿＿＿＿＿＿＿＿

＿＿＿＿＿＿＿＿＿＿＿＿＿＿＿＿＿＿＿＿＿＿＿＿

③ 中央値を求めましょう。

（　　　　　　　）

④ 最頻値を求めましょう。

（　　　　　　　）

⑤ 17 人の点数の平均値はおよそ何点ですか。小数第二位を四捨五入して，小数第一位まで求めましょう。

（　　　　　　　）

3 右の表は，だいちさんのクラスの男子の
あく力を調べたものです。

23	25	17	21
20	27	22	25
21	16	19	26
21	29	25	23
32	17	21	20

（単位は kg）

① あく力がいちばん小さい人のあく力は何
kgですか。

（　　　　　　　）

② あく力がいちばん大きい人のあく力は何
kgですか。

（　　　　　　　）

大きい順か小さい順に
並べて書いてみよう。

③ 中央値を求めましょう。

（　　　　　　　）

④ 最頻値を求めましょう。

（　　　　　　　）

かんがえよう！ ー算数とプログラミングー

①，②にあてはまるものを下の の中から選んで記号で答えましょう。

点数（点）	40	50	60	70	80	90	100
人数（人）	2	3	5	6	8	4	2

上の表は，ひなたさんのクラスで算数のテストをした結果をまとめたものです。

・中央値は ① 点，最頻値は ② 点です。

　　⑦ 90　　④ 80　　⑦ 70　　⑤ 60

①（　　　　　　） ②（　　　　　　）

下の図で，コインをスタートのますから右に動かして，10 のますまで進めます。

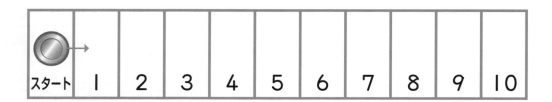

（例）□にあてはまる数を答えましょう。

2ます進む

↓

3ます進む

↓

□ます進む

2+3+□=10
の□に入る数だね。

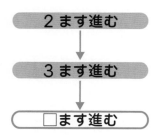

（答え）　5

1 コインを 10 のますまで進めます。□と△にあてはまる数の組み合わせは，3 通りあります。すべて答えましょう。

6ます進む

↓

□ます進む

↓

△ます進む

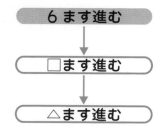

$\left(\quad \square = \qquad と，\triangle = \qquad \right)$

$\left(\quad \square = \qquad と，\triangle = \qquad \right)$

$\left(\quad \square = \qquad と，\triangle = \qquad \right)$

2 コインを 10 のますまで進めます。□と△と☆にあてはまる数の組み合わせは，何通りありますか。

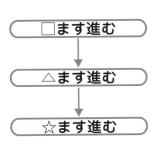

□に入る数は，8，7，6，…，1 の8つ考えられるね。

(   )

3 コインを 10 のますまで進めます。

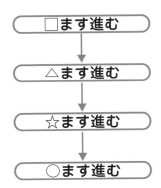

① □が7，6，5，4のとき，△と☆と○にあてはまる数の組み合わせはそれぞれ何通りありますか。

□が7のとき (   )

□が6のとき (   )

□が5のとき (   )

□が4のとき (   )

② □が3，2，1のとき，△と☆と○の組み合わせは，それぞれ 15 通り，21 通り，28 通りです。□と△と☆と○の組み合わせは全部で何通りありますか。

(   )

初版
第1刷　2020年5月1日　発行

●編　者
　数研出版編集部
●カバー・表紙デザイン
　株式会社クラップス

発行者　星野　泰也

ISBN978-4-410-15352-5

チャ太郎ドリル　小6　算数とプログラミング

発行所　**数研出版株式会社**

〒101-0052 東京都千代田区神田小川町2丁目3番地3
　　　　　　〔振替〕00140-4-118431
〒604-0861 京都市中京区烏丸通竹屋町上る大倉町205番地
〔電話〕代表（075）231-0161
ホームページ　https://www.chart.co.jp
印刷　河北印刷株式会社

乱丁本・落丁本はお取り替えいたします　200301

解答と解説

よくがんばりました！

算数とプログラミング 6年

解答

1 ① $\dfrac{8}{9}$　② $\dfrac{6}{11}$

③ $\dfrac{12}{7}\left(1\dfrac{5}{7}\right)$

④ $\dfrac{63}{10}\left(6\dfrac{3}{10}\right)$

2 ① $\dfrac{1}{2}$　② $\dfrac{2}{5}$

③ $\dfrac{5}{3}\left(1\dfrac{2}{3}\right)$

④ $\dfrac{9}{4}\left(2\dfrac{1}{4}\right)$

⑤ $\dfrac{7}{3}\left(2\dfrac{1}{3}\right)$

⑥ $\dfrac{15}{4}\left(3\dfrac{3}{4}\right)$

⑦ 1　⑧ 8
⑨ 14　⑩ 110

3 式 $\dfrac{5}{6}\times3=\dfrac{5}{2}$

答え $\dfrac{5}{2}\left(2\dfrac{1}{2}\right)$m²

4 式 $\dfrac{10}{11}\times44=40$

答え 40kg

かんがえよう!
① エ　② イ

解説

1 分子に整数をかけます。

かんがえよう!

　かけられる数の分子に，かける数の整数をかけます。

解答

1 ① $\dfrac{1}{15}$　② $\dfrac{7}{48}$

③ $\dfrac{3}{50}$　④ $\dfrac{11}{12}$

2 ① $\dfrac{1}{7}$　② $\dfrac{1}{12}$

③ $\dfrac{4}{33}$　④ $\dfrac{2}{39}$

⑤ $\dfrac{2}{45}$　⑥ $\dfrac{2}{75}$

⑦ $\dfrac{5}{8}$　⑧ $\dfrac{3}{10}$

⑨ $\dfrac{3}{2}\left(1\dfrac{1}{2}\right)$

⑩ $\dfrac{11}{6}\left(1\dfrac{5}{6}\right)$

3 式 $\dfrac{6}{7}\div4=\dfrac{3}{14}$

答え $\dfrac{3}{14}$ L

4 式 $\dfrac{21}{8}\div9=\dfrac{7}{24}$

答え $\dfrac{7}{24}$ m

かんがえよう!
① ウ　② ア

解説

1 　分子はそのままにして，分母に整数をかけます。

かんがえよう!

　わられる数の分母に，わる数の整数をかけます。

解答

1 ① 5cm ② 4cm
③ 110°

2 ① 垂直 ② 6cm
③ 4cm

3 ①

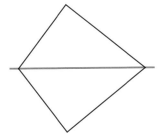

②

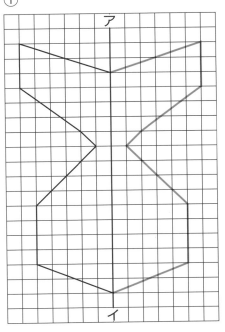

②

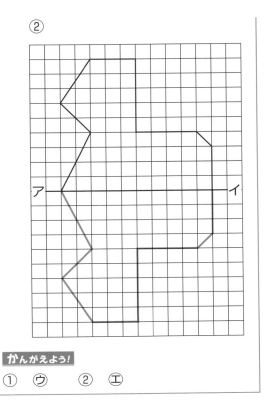

4 ①

かんがえよう!
① ウ ② エ

解説

1
○ポイント○

線対称な図形では，対応する
辺の長さは等しく，対応する
角の大きさも等しい。

① 辺 AF に対応する辺は，辺
AB です。

② 辺 EF に対応する辺は，辺
CB です。

③ 角 F に対応する角は，角 B
です。

2 ③ 直線 CK の長さの 2 倍にな
るので，2×2=4(cm) です。

4 対応する点をとって結びます。

かんがえよう!

左から1番目，2番目，4番目の図形
が線対称な図形です。

━━━ 解答 ━━━

1 ① 4cm ② 6cm
③ 110°

2 ① 12cm ② 28cm
③

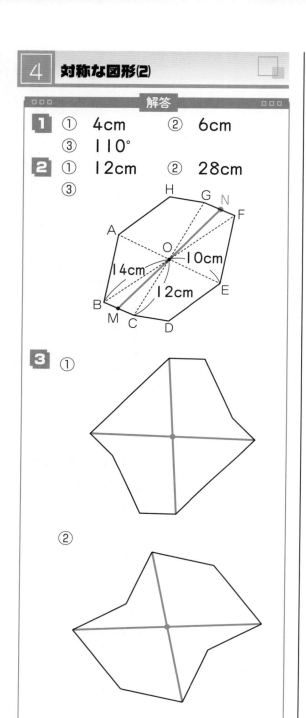

3 ①

②

4 ①

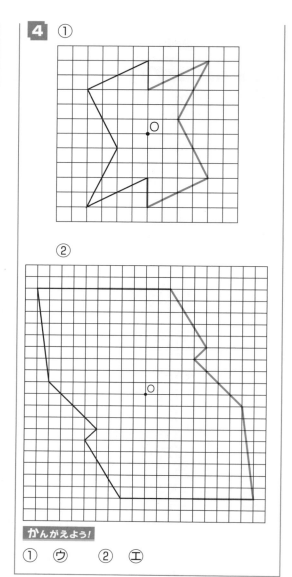

②

かんがえよう！

① ウ ② エ

━━━ 解説 ━━━

1

●ポイント●

点対称な図形では，対応する
辺の長さは等しく，対応する
角の大きさも等しい。

2 ② 直線 BO の長さの **2** 倍にな
るので，14×2=28（cm）です。

かんがえよう！

左から**3**番目の図形が点対称な図形
です。

解答

1 ①

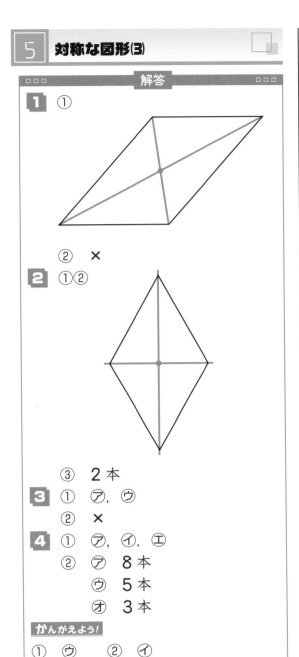

② ×

2 ①②

③ 2本

3 ① ⑦, ⑦
② ×

4 ① ⑦, ④, ①
② ⑦ 8本
⑦ 5本
⑦ 3本

かんがえよう!

① ⑦　　② ④

解説

3 二等辺三角形も直角三角形も正三角形も, 点対称な図形ではありません。

かんがえよう!

正三角形, 正五角形などは, 点対称な図形ではありません。

解答

1 ① 10　　② 16
2 6

解説

◆ポイント◆
20ます進むと1周することに注意しましょう。

1 ① 17ます進むことを8回, 14ます進むことを11回で,
17×8＋14×11
＝136＋154
＝290
290÷20＝14あまり10
青い旗は10のますに動きます。

② 3ます進むことを36回, 9ます進むことを16回, 4ます進むことを26回で,
3×36＋9×16＋4×26
＝108＋144＋104
＝356
356÷20＝17あまり16
青い旗は16のますに動きます。

2 はじめに18のますにあり, 16ます進むことを12回, 19ます進むことを7回, 3ます進むことを□回で,
18＋16×12＋19×7＋3×□
＝18＋192＋133＋3×□
＝343＋3×□
343÷20＝17あまり3
(1＋20)－3＝18
3×□＝18
□＝18÷3＝6

解答

1
① 式　$2 \times 2 \times 3.14$
　　　　$= 12.56$
　　答え　12.56cm^2

② 式　$5 \times 5 \times 3.14$
　　　　$= 78.5$
　　答え　78.5m^2

③ 式　$20 \div 2 = 10$
　　　　$10 \times 10 \times 3.14$
　　　　$= 314$
　　答え　314cm^2

④ 式　$16 \div 2 = 8$
　　　　$8 \times 8 \times 3.14$
　　　　$= 200.96$
　　答え　200.96m^2

⑤ 式　$60 \div 2 = 30$
　　　　$30 \times 30 \times 3.14$
　　　　$= 2826$
　　答え　2826cm^2

2
① 式　$7 \times 7 \times 3.14$
　　　　$= 153.86$
　　答え　153.86cm^2

② 式　$18 \div 2 = 9$
　　　　$9 \times 9 \times 3.14$
　　　　$= 254.34$
　　答え　254.34cm^2

③ 式　$25.12 \div 3.14 = 8$
　　　　$8 \div 2 = 4$
　　　　$4 \times 4 \times 3.14$
　　　　$= 50.24$
　　答え　50.24cm^2

かんがえよう！
①　エ　　②　ア

解説

1 2 円の面積は，次の公式を用い

て求めます。

◆ ポイント ◆
　円の面積
　＝半径×半径×円周率
　円周率は 3.14 として計算する。

かんがえよう！

　直径が示されている円は，半径を求めてから，面積を求めます。

解答

1
① 式　$1 \times 1 \times 3.14 \div 2$
　　　　$= 1.57$
　　答え　1.57cm^2

② 式　$20 \times 20 \times 3.14 \div 4$
　　　　$= 314$
　　答え　314cm^2

③ 式　$10 \times 10 \times 3.14 \div 2$
　　　　$= 157$
　　　　$6 \times 6 \times 3.14 \div 2$
　　　　$= 56.52$
　　　　$157 - 56.52$
　　　　$= 100.48$
　　答え　100.48cm^2

④ 式　$12 \times 12 \times 3.14 \div 2$
　　　　$= 226.08$
　　　　$9 \times 9 \times 3.14 \div 2$
　　　　$= 127.17$
　　　　$3 \times 3 \times 3.14 \div 2$
　　　　$= 14.13$
　　　　$226.08 + 127.17$
　　　　$- 14.13 = 339.12$
　　答え　339.12cm^2

2 ① 式　$70 \times 70 \times 3.14 \div 4$
　　　　　$=3846.5$
　　　　$70 \times 70 \div 2=2450$
　　　　$3846.5-2450$
　　　　　$=1396.5$
　　　　答え　1396.5cm^2

② 式　$16 \times 16=256$
　　　　$16 \div 2=8$
　　　　$8 \times 8 \times 3.14$
　　　　　$=200.96$
　　　　$256-200.96$
　　　　　$=55.04$
　　　　答え　55.04cm^2

かんがえよう！

① ウ　　② イ

解説

1 ① 半径が 1cm の円の半分であることから求めます。

② 半径が 20cm の円の $\dfrac{1}{4}$ であることから求めます。

③ 半径が 10cm の円の半分の面積から，半径が 6cm の円の半分の面積をひきます。

④ 半径が 12cm の円の半分の面積と，半径が 9cm の円の半分の面積をたして，半径が 3cm の円の半分の面積をひきます。

2 ② 1辺が 16cm の正方形の面積から，直径が 16cm の円の面積をひきます。

かんがえよう！

直径が10cmなので，半径は5cmです。半径が5cmの円の面積を求めて2でわったものが，正しい面積です。

文字と式(1)

解答

1 ① 15　　② 480
　　③ 9.7　　④ 6.3
　　⑤ 81　　⑥ 67
　　⑦ 11.4　　⑧ 30.8

2 ① 40　　② 10.3
　　③ 26　　④ 5.2

3 ① $x+145$
　　② $1000-x$

4 ① $x+13=y$
　　② $x-70=y$
　　③ $20.1-x=y$

かんがえよう！

① イ　　② エ

解説

1 ① $x=21-6=15$
　　② $x=720-240=480$
　　⑤ $x=72+9=81$
　　⑥ $x=106-39=67$

2 ① $17+23=y$　$y=40$
　　② $4.7+x=15$
　　　$x=15-4.7=10.3$
　　③ $64-38=y$　$y=26$
　　④ $6-x=0.8$
　　　$x=6-0.8=5.2$

3 ① x と 145 の和なので，
　　　$x+145$
　　② 1000 から x をひくので，
　　　$1000-x$

4 ① $x+13$ が y となるので，
　　　$x+13=y$

かんがえよう！

$x-\bigcirc=y$　→　$\bigcirc=x-y$

$\bigcirc-x=y$　→　$\bigcirc=y+x$

7

解答

1
① 400　② 13
③ 12　④ 2.5
⑤ 217　⑥ 50
⑦ 21　⑧ 0.9

2
① 165　② 0.3
③ 17　④ 36

3
① $x \times 3.5$
② $x \div 17$

4
① $x \times 59 = y$
② $x \div 4.8 = y$
③ $630 \div x = y$

かんがえよう!
① ウ　② ア

解説

1
① $x = 2400 \div 6 = 400$
② $x = 169 \div 13 = 13$
⑤ $x = 31 \times 7 = 217$
⑥ $x = 400 \div 8 = 50$

2
① $11 \times 15 = y$　$y = 165$
② $4.2 \times x = 1.26$
　$x = 1.26 \div 4.2 = 0.3$
③ $153 \div 9 = y$　$y = 17$
④ $18 \div x = 0.5$
　$x = 18 \div 0.5 = 36$

3
① 1mの値段×長さ=代金
なので，$x \times 3.5$
② 1人分の量は，水の量÷人数
で求められるので，$x \div 17$

4
① $x \times 59$ が y と等しいので，
$x \times 59 = y$

かんがえよう!
$x \div \bigcirc = y$　→　$\bigcirc = x \div y$
$\bigcirc \div x = y$　→　$\bigcirc = y \times x$

解答

1
① 7.92　② 0.9
③ 2.76

2
① 27　② 10
③ 28.5　④ 51
⑤ 1

解説

1
① $1.8 \times 4 + 1.2 \times 0.6$
$= 7.2 + 0.72$
$= 7.92$
② $1.2 \times 1.8 \div 4 \div 0.6$
$= 2.16 \div 4 \div 0.6$
$= 0.54 \div 0.6$
$= 0.9$
③ $(4 + 0.6) \times (1.8 - 1.2)$
$= 4.6 \times 0.6$
$= 2.76$

2
① $0.9 \times 180 \div 6$
$= 162 \div 6$
$= 27$
② $6 \div (1.5 - 0.9)$
$= 6 \div 0.6$
$= 10$
③ $1.5 + 180 \div 6 \times 0.9$
$= 1.5 + 30 \times 0.9$
$= 1.5 + 27$
$= 28.5$
④ $180 - 0.9 \times 1.5 \times 100 + 6$
$= 180 - 135 + 6$
$= 51$
⑤ $(6 - 1.5) \div (180 \times 0.03 - 0.9)$
$= 4.5 \div (5.4 - 0.9)$
$= 4.5 \div 4.5$
$= 1$

12 分数のかけ算(1)

$$\frac{b}{a} \times \frac{d}{c} = \frac{b \times d}{a \times c}$$

解答

1 ① $\dfrac{1}{8}$　　② $\dfrac{6}{35}$

③ $\dfrac{20}{27}$

④ $\dfrac{91}{60}\left(1\dfrac{31}{60}\right)$

2 ① $\dfrac{1}{9}$　　② $\dfrac{3}{14}$

③ $\dfrac{27}{4}\left(6\dfrac{3}{4}\right)$

④ $\dfrac{25}{22}\left(1\dfrac{3}{22}\right)$

⑤ $\dfrac{1}{3}$　　⑥ $\dfrac{3}{5}$

⑦ $\dfrac{3}{10}$　　⑧ $\dfrac{5}{8}$

⑨ 1　　⑩ 6

3 式　$\dfrac{9}{8} \times \dfrac{6}{7} = \dfrac{27}{28}$

答え　$\dfrac{27}{28}$ m²

4 式　$\dfrac{14}{15} \times \dfrac{5}{12} = \dfrac{7}{18}$

答え　$\dfrac{7}{18}$ kg

かんがえよう！

① ウ　　② ア

解説

1　●ポイント●

分数どうしのかけ算は，分母
どうし，分子どうしをかける。

① $\dfrac{1}{2} \times \dfrac{1}{4} = \dfrac{1 \times 1}{2 \times 4} = \dfrac{1}{8}$

④ $\dfrac{7}{6} \times \dfrac{13}{10} = \dfrac{7 \times 13}{6 \times 10}$

$= \dfrac{91}{60}\left(1\dfrac{31}{60}\right)$

2　●ポイント●

計算のとちゅうで約分できる
ときは，約分する。

① $\dfrac{1}{5} \times \dfrac{5}{9} = \dfrac{1 \times \overset{1}{\cancel{5}}}{\underset{1}{\cancel{5}} \times 9} = \dfrac{1}{9}$

③ $\dfrac{9}{14} \times \dfrac{21}{2} = \dfrac{9 \times \overset{3}{\cancel{21}}}{\underset{2}{\cancel{14}} \times 2}$

$= \dfrac{27}{4}\left(6\dfrac{3}{4}\right)$

⑤ $\dfrac{4}{9} \times \dfrac{3}{4} = \dfrac{\overset{1}{\cancel{4}} \times \overset{1}{\cancel{3}}}{\underset{3}{\cancel{9}} \times \underset{1}{\cancel{4}}} = \dfrac{1}{3}$

⑦ $\dfrac{7}{15} \times \dfrac{9}{14} = \dfrac{\overset{1}{\cancel{7}} \times \overset{3}{\cancel{9}}}{\underset{5}{\cancel{15}} \times \underset{2}{\cancel{14}}} = \dfrac{3}{10}$

⑨ $\dfrac{7}{12} \times \dfrac{12}{7} = \dfrac{\overset{1}{\cancel{7}} \times \overset{1}{\cancel{12}}}{\underset{1}{\cancel{12}} \times \underset{1}{\cancel{7}}} = 1$

答えが整数になることもあり
ます。

3　長方形の面積は，縦×横　で求め
られます。

4　1mの重さ×長さ　で求めます。

かんがえよう！

分母どうし，分子どうしをかけるの
で，①は□×☆，②は○×△となりま
す。

解答

1 ① $\dfrac{6}{7}$　② $\dfrac{55}{9}\left(6\dfrac{1}{9}\right)$

③ $\dfrac{3}{8}$　④ $\dfrac{49}{30}\left(1\dfrac{19}{30}\right)$

2 ① $\dfrac{1}{2}$　② $\dfrac{18}{7}\left(2\dfrac{4}{7}\right)$

③ $\dfrac{33}{2}\left(16\dfrac{1}{2}\right)$ ④ 12

⑤ $\dfrac{11}{28}$　⑥ $\dfrac{35}{33}\left(1\dfrac{2}{33}\right)$

⑦ $\dfrac{5}{6}$　⑧ 2

⑨ $\dfrac{11}{3}\left(3\dfrac{2}{3}\right)$ ⑩ 3

3 式 $7\times\dfrac{10}{21}=\dfrac{10}{3}$

答え $\dfrac{10}{3}\left(3\dfrac{1}{3}\right)$m

4 式 $\dfrac{5}{6}\times1\dfrac{7}{9}=\dfrac{40}{27}$

答え $\dfrac{40}{27}\left(1\dfrac{13}{27}\right)$kg

かんがえよう!

① ウ　② イ

解説

1 ①, ② 整数を分母が1の分数
にして計算します。

① 2を$\dfrac{2}{1}$として計算します。

③, ④

> **◆ポイント◆**
> 帯分数を仮分数にな
> おして計算する。

③ $1\dfrac{1}{2}$を$\dfrac{3}{2}$になおして計算しま
す。

④ $1\dfrac{1}{6}\times1\dfrac{2}{5}=\dfrac{7}{6}\times\dfrac{7}{5}$

$\qquad=\dfrac{7\times7}{6\times5}$

$\qquad=\dfrac{49}{30}\left(1\dfrac{19}{30}\right)$

3 もとにする量×何倍　の式にあて
はめて求めます。

かんがえよう!

かける数が1より小さいとき，積は
かけられる数より小さくなります。

解答

1 ① $\dfrac{6}{11}$　② 7

③ $\dfrac{10}{13}$

2 ① $\dfrac{5}{36}$　② $\dfrac{7}{30}$

③ $\dfrac{12}{5}\left(2\dfrac{2}{5}\right)$

④ $\dfrac{27}{2}\left(13\dfrac{1}{2}\right)$

3 ① 29　② 11

4 ① 12　② $\dfrac{7}{8}$

5 式　$\dfrac{1}{4} \times \dfrac{6}{7} \times \dfrac{21}{5} = \dfrac{9}{10}$

答え　$\dfrac{9}{10}$ m³

かんがえよう！

① エ　② ア

■■■ 解説 ■■■

1 ●ポイント●

ある2つの数の積が1となるとき，一方の数を，もう一方の数の逆数（ぎゃくすう）という。真分数・仮分数の逆数は，分子と分母を入れかえた数。

③　小数を分数になおして考えます。

2 3つの分数のかけ算も，分母どうし，分子どうしをかけます。

④　帯分数は仮分数に，整数は分母が1の分数にして計算します。

3 $(a+b) \times c = a \times c + b \times c$ を利用して計算します。
　　　　エー　ビー　シー

①　$\left(\dfrac{7}{4} + \dfrac{2}{3}\right) \times 12$

$= \dfrac{7}{4} \times 12 + \dfrac{2}{3} \times 12$

$= \dfrac{7 \times \overset{3}{\cancel{12}}}{\cancel{4}} + \dfrac{2 \times \overset{4}{\cancel{12}}}{\cancel{3}}$

$= 21 + 8 = 29$

かんがえよう！

帯分数は仮分数になおしてから逆数にします。

---

15 ロボットを動かそう！

■■■ 解答 ■■■

1 B
2 H，左
3 （上から順に）
2ます進む，左にまわる，
左にまわる

■■■ 解説 ■■■

1

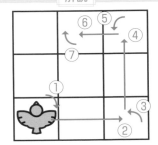

となるので，答えはBです。

2

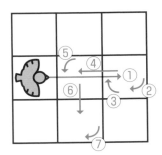

となるので，ますは，Hで，向きは，左です。

3

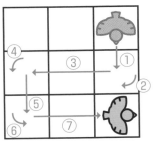

答えるのは，③，④，⑥です。

●ポイント●

まわるときは，右なのか，左なのかに注意しましょう。

解答

1 ① $\dfrac{4}{5}$　② $\dfrac{15}{16}$

③ $\dfrac{14}{33}$

④ $\dfrac{54}{35}\left(1\dfrac{19}{35}\right)$

2 ① $\dfrac{1}{5}$　② $\dfrac{4}{7}$

③ $\dfrac{12}{35}$　④ $\dfrac{10}{39}$

⑤ $\dfrac{20}{11}\left(1\dfrac{9}{11}\right)$

⑥ $\dfrac{9}{25}$　⑦ $\dfrac{2}{5}$

⑧ $\dfrac{11}{18}$　⑨ $\dfrac{10}{21}$

⑩ 4

3 式 $\dfrac{7}{8}\div\dfrac{21}{5}=\dfrac{5}{24}$

答え $\dfrac{5}{24}$ m

4 式 $\dfrac{10}{3}\div\dfrac{25}{9}=\dfrac{6}{5}$

答え $\dfrac{6}{5}\left(1\dfrac{1}{5}\right)$ L

かんがえよう!

① ④　② ⑦

解説

1 ◆ポイント◆

分数どうしのわり算は，わる数の逆数を，わられる数にかける。

$$\dfrac{b}{a}\div\dfrac{d}{c}=\dfrac{b}{a}\times\dfrac{c}{d}$$

① $\dfrac{1}{5}\div\dfrac{1}{4}=\dfrac{1}{5}\times\dfrac{4}{1}$

$=\dfrac{1\times4}{5\times1}$

$=\dfrac{4}{5}$

かんがえよう!

わる数の逆数をわられる数にかけます。

解答

1 ① $\dfrac{45}{8}\left(5\dfrac{5}{8}\right)$

② 42

③ $\dfrac{15}{2}\left(7\dfrac{1}{2}\right)$

④ $\dfrac{32}{21}\left(1\dfrac{11}{21}\right)$

2 ① $\dfrac{11}{2}\left(5\dfrac{1}{2}\right)$

② $\dfrac{6}{5}\left(1\dfrac{1}{5}\right)$

③ 15　④ 8

⑤ $\dfrac{9}{44}$

⑥ $\dfrac{57}{8}\left(7\dfrac{1}{8}\right)$

⑦ $\dfrac{12}{35}$　⑧ $\dfrac{3}{16}$

⑨ $\dfrac{14}{27}$　⑩ $\dfrac{40}{49}$

3 式　$4 \div \dfrac{12}{13} = \dfrac{13}{3}$

答え　$\dfrac{13}{3}\left(4\dfrac{1}{3}\right)$kg

4 式　$1\dfrac{3}{11} \div \dfrac{15}{22} = \dfrac{28}{15}$

答え　$\dfrac{28}{15}\left(1\dfrac{13}{15}\right)$倍

かんがえよう!

①　ア　　②　イ

解説

1 ①, ②　整数を分母が1の分数にして計算します。

③, ④

●ポイント●
帯分数を仮分数になおして計算する。

③　$1\dfrac{1}{2}$を$\dfrac{3}{2}$になおして計算します。

④　$2\dfrac{2}{3} \div 1\dfrac{3}{4} = \dfrac{8}{3} \div \dfrac{7}{4}$

$= \dfrac{8}{3} \times \dfrac{4}{7}$

$= \dfrac{8 \times 4}{3 \times 7}$

$= \dfrac{32}{21}\left(1\dfrac{11}{21}\right)$

2 ①〜④　整数を分母が1の分数にして計算します。

⑤〜⑩　帯分数を仮分数になおして計算します。

かんがえよう!

わる数が1より小さいとき, 商はわられる数より大きくなります。

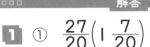

解答

1 ①　$\dfrac{27}{20}\left(1\dfrac{7}{20}\right)$

②　$\dfrac{4}{9}$　　　③　$\dfrac{13}{40}$

2 ①　$\dfrac{44}{3}\left(14\dfrac{2}{3}\right)$

②　$\dfrac{18}{5}\left(3\dfrac{3}{5}\right)$

③　$\dfrac{9}{16}$

3 ①　4　　　　②　5

かんがえよう!

①　エ　　　②　ウ

解説

1 かけ算だけの式になおして計算します。

2 小数を分数になおして計算します。

3 ①　$\dfrac{\square}{25} \div \dfrac{2}{9} \times \dfrac{5}{7} = \dfrac{18}{35}$

$\dfrac{\square}{25} = \dfrac{18}{35} \div \dfrac{5}{7} \times \dfrac{2}{9}$

$= \dfrac{18}{35} \times \dfrac{7}{5} \times \dfrac{2}{9}$

$= \dfrac{\overset{2}{\cancel{18}} \times \overset{1}{\cancel{7}} \times 2}{\underset{5}{\cancel{35}} \times 5 \times \underset{1}{\cancel{9}}}$

$= \dfrac{4}{25}$

$\square = 4$

かんがえよう!

答えは, 左から, 3, 1, 2, 3となります。

解答

1　①　1001　　②　10000
　　③　10011
2　①　12　　　②　20
　　③　27

解説

1　①
$$2) \underline{9}$$
$$2) \underline{4}　あまり1$$
$$2) \underline{2}　あまり0$$
$$1　あまり0$$

十進法の9を二進法で表すと
1001になります。

②
$$2) \underline{16}$$
$$2) \underline{8}　あまり0$$
$$2) \underline{4}　あまり0$$
$$2) \underline{2}　あまり0$$
$$1　あまり0$$

十進法の16を二進法で表すと
10000になります。

③
$$2) \underline{19}$$
$$2) \underline{9}　あまり1$$
$$2) \underline{4}　あまり1$$
$$2) \underline{2}　あまり0$$
$$1　あまり0$$

十進法の19を二進法で表すと
10011になります。

2　①　$1×2×2×2+1×2×2+$
　　　$0×2+0×1=12$
　　②　$1×2×2×2×2+0×2×$
　　　$2×2+1×2×2+0×2+$
　　　$0×1=20$
　　③　$1×2×2×2×2+1×2×$
　　　$2×2+0×2×2+1×2+$
　　　$1×1=27$

解答

1　①　5：7
　　②　40：100
2　①　$\dfrac{1}{4}$

　　②　$\dfrac{10}{7}\left(1\dfrac{3}{7}\right)$

　　③　$\dfrac{3}{2}\left(1\dfrac{1}{2}\right)$

　　④　5
3　①　等しい比
　　②　等しくない比
　　③　等しい比
4　①　1：3　　②　2：7
　　③　4：9　　④　6：1
　　⑤　8：5　　⑥　10：3
5　アとウ

かんがえよう！

①　ウ　　②　エ

解説

2

●ポイント●
$a：b$ の比の値は，$a÷b$ で求める。

①　$1÷4=\dfrac{1}{4}$

②　$10÷7=\dfrac{10}{7}\left(1\dfrac{3}{7}\right)$

③　$9÷6=\dfrac{\overset{3}{\cancel{9}}}{\underset{2}{\cancel{6}}}=\dfrac{3}{2}\left(1\dfrac{1}{2}\right)$

④　$15÷3=5$

比の値が整数になることもあります。

3　比の値が等しければ，等しい比と

いえます。

① $2÷5=\dfrac{2}{5}$, $8÷20=\dfrac{2}{5}$

　　等しい比といえます。

② $11÷9=\dfrac{11}{9}$, $9÷7=\dfrac{9}{7}$

　　等しくない比といえます。

4 比を簡単にするには, 2つの数をそれらの最大公約数でわります。

① 6と18を6でわります。
② 8と28を4でわります。
③ 20と45を5でわります。
④ 66と11を11でわります。
⑤ 240と150を30でわります。
⑥ 130と39を13でわります。

5 比の値を求めて考えます。

かんがえよう!

左から1番目と4番目が, 8:9と等しい比です。左から3番目が, 12:5と等しい比です。

---

21 比と比の値(2)

解答

1 ① 7　　② 99
　　③ 40　　④ 5
2 ① 1:4　　② 10:3
　　③ 5:4　　④ 15:16
3 ① 8　　② 39
4 18cm
5 91枚
6 36m

かんがえよう!
① エ　　② イ

---

1 ① $21÷3=7$
　　　　$x=1×7=7$
　　② $72÷8=9$
　　　　$x=11×9=99$
　　③ $24÷3=8$
　　　　$x=5×8=40$
　　④ $78÷6=13$
　　　　$x=65÷13=5$

2 小数や分数を整数になおして考えます。

① 両方の数に10をかけて,
　　8:32
　　8と32を8でわります。
② 両方の数に10をかけて,
　　60:18
　　60と18を6でわります。
③ $\dfrac{1}{4}:\dfrac{1}{5}=\dfrac{5}{20}:\dfrac{4}{20}$
　　　　　$=5:4$
④ $\dfrac{5}{6}:\dfrac{8}{9}=\dfrac{15}{18}:\dfrac{16}{18}$
　　　　　$=15:16$

3 ① $200:175=x:7$
　　　$175÷7=25$
　　　$x=200÷25=8$
② $\dfrac{13}{2}:\dfrac{4}{3}=\dfrac{39}{6}:\dfrac{8}{6}$
　　　　　$=39:8$
　　　$39:8=x:8$　$x=39$

4 $2:3=x:27$　より求めます。

5 $156÷(7+5)=13$
　　　$13×7=91$(枚)

6 $(160÷2)÷(9+11)=4$
　　　$4×9=36$(m)

かんがえよう!

等しい比の性質を利用して考えます。

22 拡大図・縮図(1)

解答

1 ① い, か　② う, お

2 ① 辺 GH　② 角 F
③ 4cm　④ 70°

3 ①

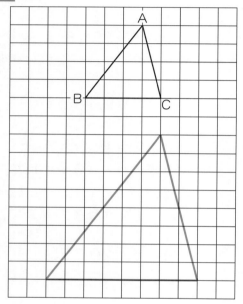

②

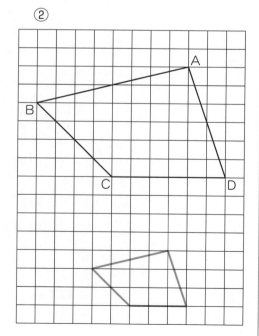

かんがえよう!

① イ　　② エ

解説

1 ① いはあの 2 倍の拡大図です。
かはあの 1.5 倍の拡大図です。

② うとおはあの $\frac{1}{2}$ の縮図です。

2 ③ 辺 FG に対応する辺は, 辺 BC なので, 2×2＝4(cm)

④ 角 E に対応する角は, 角 A なので, 角 E の大きさは 70° となります。

3 ① 対応する辺の長さが 2 倍, 対応する角の大きさが等しい三角形をかきます。

② 対応する辺の長さが $\frac{1}{2}$, 対応する角の大きさが等しい四角形をかきます。

かんがえよう!

あの縮図であるのは, 右から2番目の図だけです。

23 拡大図・縮図(2)

解答

1

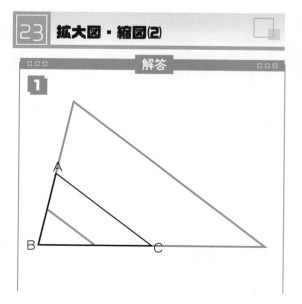

2 式　5×400＝2000
　　　2000cm＝20m
　答え　20m

3 ①

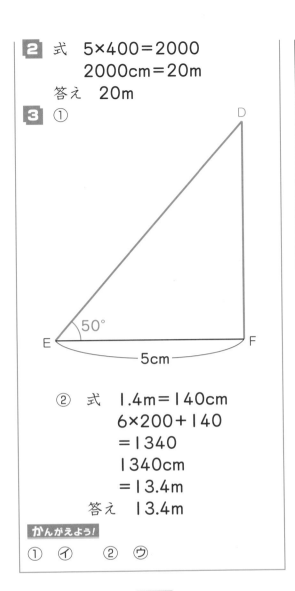

② 式　1.4m＝140cm
　　　6×200＋140
　　　＝1340
　　　1340cm
　　　＝13.4m
　答え　13.4m

かんがえよう！

① イ　　② ウ

解説

2 ABの長さをはかると5cmです。
実際のAとBの間のきょりは，こ
の400倍なので，
　5×400＝2000（cm）
単位をmにすることに注意します。

3 ② DFの長さをはかると6cm
です。実際のACの長さは，
この200倍です。
　1.4m（140cm）をたすこと
を忘れないようにします。

かんがえよう！

xm を，（x×100）cmになおして考
えます。

24 形を分けよう！

解答

1 ① ⑦, ⑰
　　② ⑭
　　③ ⑨, ⑰
　　④ ⑦

2 ① ②, ②
　　② ②
　　③ ②, ②

解説

1 ① ⑦と⑰は線対称な図形でもあ
り点対称な図形でもあります。
⑦は長方形，⑰は正方形です。
② ⑭は線対称な図形ですが，点
対称な図形ではありません。
③ ⑨と⑰は線対称な図形ではあ
りませんが，点対称な図形です。
④ ⑦は線対称な図形でも点対称
な図形でもありません。

2 ① ②は②の1.5倍の拡大図です。
②は②の2倍の拡大図です。

② ②は②の $\frac{1}{2}$ の縮図です。

③ ②と②は，②の拡大図でも縮
図でもありません。

25 角柱と円柱の体積(1)

解答

1
① 式 $8×4÷2×6=96$
   答え $96cm^3$
② 式 $10×6÷2×14$
   $=420$
   答え $420cm^3$
③ 式 $(9+15)×12÷2×9$
   $=1296$
   答え $1296cm^3$
④ 式 $9×12÷2×20$
   $=1080$
   答え $1080cm^3$

2
① 式 $5×5×3.14×10$
   $=785$
   答え $785cm^3$
② 式 $12÷2=6$
   $6×6×3.14×9$
   $=1017.36$
   答え $1017.36cm^3$

かんがえよう!
① ウ ② イ

解説

1
●ポイント●
角柱の体積＝底面積×高さ

① 底面の形は三角形で，高さは6cmです。
② 底面の形は三角形で，高さは14cmです。
③ 底面の形は台形で，高さは9cmです。
④ 底面の形はひし形で，高さは20cmです。ひし形の面積は，対角線×もう一方の対角線÷2で求められます。

2
●ポイント●
円柱の体積＝底面積×高さ
底面は円。
円の面積＝半径×半径×円周率

かんがえよう!
左から2番目の円柱の体積は，$150.72cm^3$なので，$150cm^3$以下でも$200cm^3$以上でもありません。

26 角柱と円柱の体積(2)

解答

1
① 式 $(12×16-4×9)×6$
   $=936$
   答え $936cm^3$
② 式 $(10×18-5×6)×7$
   $=1050$
   答え $1050cm^3$
③ 式 $(10×10×3.14$
   $-5×5×3.14)×6$
   $=1413$
   答え $1413cm^3$
④ 式 $6÷2=3$
   $3×3×3.14÷2×12$
   $=169.56$
   答え $169.56cm^3$

2
① 式 $(40+30)×20$
   $÷2×50=35000$
   答え 約$35000cm^3$
② 式 $4×4×3.14×25$
   $=1256$
   答え $1256cm^3$

かんがえよう!
① イ ② ア

1

◦**ポイント**◦
立体の体積＝底面積×高さ

① 底面の形を，大きい長方形から小さい長方形をひいた形と考えます。

　　底面の面積
　　＝12×16−4×9
　　高さは 6cm です。
　　底面の形を 2 つの長方形にわけて考えてもよいです。
　　・底面積
　　　＝12×(16−9)
　　　　+(12−4)×9
　　・底面積
　　　＝4×(16−9)
　　　　+(12−4)×16

② 底面の形を，大きい長方形から小さい長方形をひいた形と考えます。

　　底面の面積＝18×10−5×6
　　高さは 7cm です。

③ 底面の形を，大きい円から小さい円をひいた形と考えます。

　　底面の面積
　　＝10×10×3.14
　　　−5×5×3.14
　　高さは 6cm です。

④ 底面の形を，円の半分と考えます。半径は，6÷2=3

　　底面の面積
　　＝3×3×3.14÷2
　　高さは 12cm です。

かんがえよう！

　底面積を*b*倍，高さを*c*倍にすると，体積は，(*b*×*c*)倍になります。

---

27 比例と反比例(1)

1 ① $y＝5×x$

② （左から） 10, 15, 20, 25

③ $\frac{1}{2}$ 倍, $\frac{1}{3}$ 倍, …になる。

④ いえる。

⑤

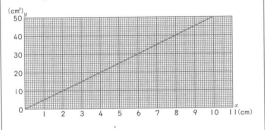

2 480g

3 9cm

4 175g

かんがえよう！

① エ　　② イ

1

◦**ポイント**◦
ワイ　　エックス
y が x に比例するとき，
$y＝$決まった数×x

2 18÷15=1.2
　　1.2×400=480(g)

3 12÷80=0.15
　　0.15×600=90(mm)
　　90mm=9cm

4 7÷40=0.175
　　10m=1000cm
　　0.175×1000=175(g)

かんがえよう！

　左から1番目と2番目は，yはxに比例しますが，決まった数がちがいます。

28 比例と反比例(2)

解答

1
① $y=42\div x$

② （左から）21, 14, 7, 6

③ $\dfrac{1}{2}$倍, $\dfrac{1}{3}$倍, …になる。

④ いえる。

⑤
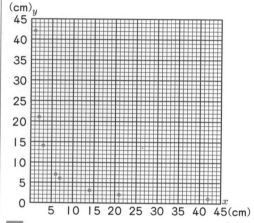

2 16分

3 15分

4 37.5cm

かんがえよう!

① エ　　② ア

解説

1 y が x に反比例するとき,
$y=$決まった数$\div x$

2 $8\times12=96$
$96\div6=16$(分)

3 $75\times18=1350$
$1350\div90=15$(分)

4 $25\times24=600$
$600\div16=37.5$(cm)

かんがえよう!

道のり=速さ×時間 なので, 正しい
式は, $y=\bigcirc\times x$ となります。

---

29 小数をつくろう！

解答

1 0.0851

2 ① 1.7054　　② 0.0392

3 ① 0　　② 9

解説

・ポイント・

1つずつ順番にますに数を入れて
いきます。

1 左から2番目に0→ [　|.0|　|　]
右から2番目に5→ [　|.0|　|5]
左から3番目に8→ [　|.0|8|5]
右から5番目に0→ [0|.0|8|5]
左から5番目に1→ [0|.0|8|5|1]
できる数は, 0.0851です。

2 ① $0.3\times8-2.4$
$=2.4-2.4=0$
$0.8\times6.25=5$
$0.5+50\times0.01$
$=0.5+0.5=1$
$1.256\div3.14\times10$
$=0.4\times10=4$
$2\times0.5+4\times1.5$
$=1+6=7$

② $2.1-7\times0.3$
$=2.1-2.1=0$
$0.5\times6.6\div1.1$
$=3.3\div1.1=3$
$2.8-8.4\div3$
$=2.8-2.8=0$
$3.9\times5-1.5\times7$
$=19.5-10.5=9$
$1.5\div0.2-16.5\div3$
$=7.5-5.5=2$

20

解答

1
① 6通り
② 6通り
③ 6通り
④ 6通り
⑤ 24通り

2
① 1通り
② 3通り

3
① 32, 52
② 23, 25, 35, 53
③ 25, 35
④ 53

かんがえよう!

① イ　　② ウ

解説

1 あおいさんを A, まゆさんを B, りくさんを C, れんさんを D で表すことにします。

① B－C－D－A
　 B－D－C－A
　 C－B－D－A
　 C－D－B－A
　 D－B－C－A
　 D－C－B－A
の6通りあります。

② A－C－D－B
　 A－D－C－B
　 C－A－D－B
　 C－D－A－B
　 D－A－C－B
　 D－C－A－B
の6通りあります。

③ ①, ②と同様に6通りです。
④ ①, ②と同様に6通りです。
⑤ 6×4＝24(通り)

2

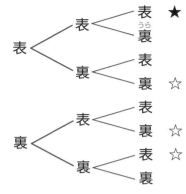

1回目　　2回目　　3回目

① 表が3回出る出方は, 上の図の★の1通りです。
② 表が1回, 裏が2回出る出方は, 上の図の☆の3通りです。

3 カードを2枚並べてできる2けたの整数は, 次の6通りです。

　23, 25,
　32, 35,
　52, 53

① 偶数は, 2でわり切れる整数です。32, 52です。
② 奇数は, 2でわり切れない整数です。23, 25, 35, 53です。
③ 5の倍数は, 5でわり切れる整数です。25, 35です。
④ いちばん大きい整数は53です。

かんがえよう!

5枚のカードから2枚を並べてできる2けたの整数は,

　11, 12, 13, 21, 22, 23,
　31, 32

の8通りがあります。

解答

1 ① 3通り
② 3通り
2 ① 3通り
② 6通り
3 ① 3試合
② A, C, D
③ 6試合
4 ① 6個
② 4個
③ 7個
④ 15

かんがえよう!
① ⑦   ② ⑦

解説

2 ① もう1つの選び方は, ケーキ, エクレア, シュークリームの3通りです。
② プリンを A, ケーキを B, エクレアを C, シュークリームを D で表すことにします。2つの選び方は,

A−B A−C A−D
　　　B−C B−D
　　　　　　C−D

の6通りあります。

3 ③

	A	B	C	D
A		○	○	○
B			○	○
C				○
D				

試合数は, 上の表の○の6試合です。

4 カードを2枚選んで, 書いてある2つの数をかけてできる整数は,

1×2=2	1×3=3
1×4=4	1×5=5
2×3=6	2×4=8
2×5=10	3×4=12
3×5=15	4×5=20

の10通りです。
③ 偶数は, 2, 4, 6, 8, 10, 12, 20の7個です。

かんがえよう!

1枚は○を選んだとき, もう2枚の選び方は, △と☆, △と□, △と◎, ☆と□, ☆と◎, □と◎の6通りです。

解答

1 ① (上から)
4, 8, 7, 2, 21
② 16回
2 ①

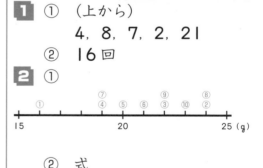

② 式
(16+24+22+19
+20+21+19+24
+22+23)÷10
=210÷10=21
答え 21g
3 ① 1時間以上2時間未満
② 3時間以上4時間未満
③ 60%

かんがえよう!
① ⑤   ② ⑦

1 ① 「正」の字を書いて数えてます。重なりや落ちがないように気をつけましょう。

2 ② 平均は，合計÷個数　で求めます。

3 ① いちばん人数が多いのは9人で，その階級は，1時間以上2時間未満です。

② 5時間以上6時間未満の人が2人，4時間以上5時間未満の人が3人なので，4時間以上6時間未満の人が2+3で，5人います。6番目の人は，その次の階級の3時間以上4時間未満の階級に入っています。

③ 7+6+3+2=18(人)
18÷30=0.6
0.6は，60%を表します。

かんがえよう！

3+9=12(人)　12÷30=0.4
0.4は，40%です。

33 資料の調べ方(2)

解答

1

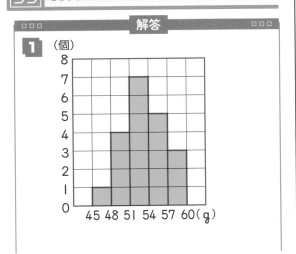

(個)
45 48 51 54 57 60(g)

2 ① 6点

② 10，10，9，9，8，8，8，7，7，6，6，6，6，5，4，4，4

③ 7点

④ 6点

⑤ 約6.9点

3 ① 16kg

② 32kg

③ 21.5kg

④ 21kg

かんがえよう！

① ウ　　② イ

2 ① いちばん点数が高い人の点数は10点で，いちばん点数が低い人の点数は4点です。

③，④

● ●ポイント● ●

中央値…資料を大きさの順に並べたとき，中央にくる値。
最頻値…資料で最も個数が多い値。

⑤ 17人の点数の合計は117点なので，平均値は，
117÷17=6.88…
6.88…→6.9(点)

3 ③ だいちさんのクラスの男子の人数は20人。小さい方から数えて10番目の人のあく力は21kg，11番目の人のあく力は22kgなので，中央値は，
(21+22)÷2=21.5(kg)

かんがえよう！

中央値は，(70+70)÷2=70(点)です。

23

解答

1 □＝1と，△＝3
□＝2と，△＝2
□＝3と，△＝1

2 36通り

3 ① （□が7のとき）1通り
（□が6のとき）3通り
（□が5のとき）6通り
（□が4のとき）10通り
② 84通り

解説

1 $6+□+△=10$
$□+△=10-6=4$
□＋△が4になる組み合わせを考えます。

□	1	2	3
△	3	2	1

2 □が8のとき，△＋☆＝2なので，
△＝1と，☆＝1　の1通り。
□が7のとき，△＋☆＝3なので，
△＝1と，☆＝2
△＝2と，☆＝1　の2通り。
□が6のとき，**1** より，3通り。
　　　　　　⋮
□が1のとき，△＋☆＝9なので，
△＝1と，☆＝8
△＝2と，☆＝7
△＝3と，☆＝6
△＝4と，☆＝5
△＝5と，☆＝4
△＝6と，☆＝3
△＝7と，☆＝2
△＝8と，☆＝1　の8通り。
全部で，

$1+2+3+4+5+6+7+8$
$=36$（通り）

3 ① □が7のとき
$7+△+☆+○=10$
$△+☆+○=10-7=3$
$(△，☆，○)=(1，1，1)$の
1通り。
□が6のとき
$6+△+☆+○=10$
$△+☆+○=10-6=4$
$(△，☆，○)=(1，1，2)$,
$(1，2，1)$, $(2，1，1)$の3通り。
□が5のとき
$5+△+☆+○=10$
$△+☆+○=10-5=5$
$(△，☆，○)=(1，1，3)$,
$(1，3，1)$, $(3，1，1)$,
$(1，2，2)$, $(2，1，2)$,
$(2，2，1)$の6通り。
□が4のとき
$4+△+☆+○=10$
$△+☆+○=10-4=6$
$(△，☆，○)=(1，1，4)$,
$(1，4，1)$, $(4，1，1)$,
$(1，2，3)$, $(1，3，2)$,
$(2，1，3)$, $(2，3，1)$,
$(3，1，2)$, $(3，2，1)$,
$(2，2，2)$の10通り。
② $1+3+6+10+15+21+28$
$=84$（通り）

15352　答